普通高等教育艺术设计类专业规划教材

U0389865

数字摄影技术

--

姜丽丽　陶　新　主　编

宋　南　潘　畅　副主编

Digital Photography Technology

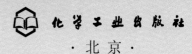

化学工业出版社

·北京·

由于科技的飞快发展，数字摄影技术的出现为古老的摄影技术注入了新的活力。本书通过数字摄影基础、数字影像拍摄技术基础、数码相机镜头的种类及特性、数字摄影构图、数字摄影光线与照明、数字摄影实践拍摄技巧共六章内容，较全面深入地介绍了数字摄影技术，通过本书的学习，可以使读者真正了解数字摄影技术，从而掌握数字摄影技术。

本书配有大量说明性的图片，诠释数字摄影设备的种类、使用以及不同种类、风格作品的拍摄技巧，并对数字摄影技术与创作进行了深入的研究。

本书可供高等院校基础摄影教学使用，也可供广大摄影爱好者参考。

图书在版编目（CIP）数据

数字摄影技术/姜丽丽，陶新主编． —北京：化学工业出版社，2014.1
普通高等教育艺术设计类专业规划教材
ISBN 978-7-122-19461-9

Ⅰ．①数…　Ⅱ．①姜…②陶…　Ⅲ．①数字照相机-摄影技术-高等学校-教材　Ⅳ．①TB86

中国版本图书馆CIP数据核字（2014）第001737号

责任编辑：李彦玲　　　　　　　　　　　　文字编辑：丁建华
责任校对：吴　静　　　　　　　　　　　　装帧设计：王晓宇

出版发行：化学工业出版社（北京市东城区青年湖南街13号　邮政编码100011）
印　　装：北京彩云龙印刷有限公司
787mm×1092mm　1/16　印张6　字数158千字　2014年4月北京第1版第1次印刷

购书咨询：010-64518888（传真：010-64519686）　售后服务：010-64518899
网　　址：http://www.cip.com.cn
凡购买本书，如有缺损质量问题，本社销售中心负责调换。

定　　价：32.00元

前 言 FOREWORD

自从电子计算机发明的那一天起，我们的生活已经无法摆脱数字化的命运，或者说我们生活中的诸多元素都会以数字化的形式存在、运行与发展，数字技术已成为现代科技的突出发展点并迅速遍布社会生活的各个领域。

人的认知随着社会与时代的发展、文明的进步发生着变化。摄影艺术同样如此，必然随着时代的发展而剧变。在学界和民间，"摄影艺术"或者说以摄影为媒介的艺术形式都被认为是存在的。作为平面视觉艺术的"摄影"年轻而伟大。说它年轻是因为它的普及性、参与性和接受性都很快超过了其他古老的造型艺术。然而数字摄影技术的迅猛发展快如闪电。绘画、摄影、动画、动态影像、平面设计、雕塑甚至行为艺术、观念艺术在数字时代背景下，学科门类的界限已经日渐模糊。它们互为素材、相互借鉴、相互启发。或许在不久的将来"视觉艺术"将被数字化地一统整合成为一个新的综合性的艺术门类。

科技的发展使人类进入了新媒体时代。新媒体时代的到来，给摄影技术带来了颠覆性的挑战。20世纪末到21世纪初，科技已飞速介入我们生活的新媒体时代，我国高等艺术教育状况与内容也发生了日新月异的变化。现代高校摄影艺术教育的关键不在于技术上，而在观念、理念、意识上。随着摄影高科技的发展，技术问题变得比以前更容易解决，技术的发展也越来越向着傻瓜式的道路发展。可是观念的更新就不那么简单了，尤其是它是一种以人为主的传播模式。摄影是一种"记录"的艺术。而数字技术颠覆的恰恰是记录的方式和记录的能力。数字技术使得摄影的工具和摄影的方式发生了本质的变化，数字科技带给摄影创作者们更大的自由，让摄影进入高度的自由世界，使艺术家们天马行空的想象再也不受技术实现的约束，从而可以淋漓尽致地得以展现。摄影超脱于其他艺术的形态再一次成为了连接相邻艺术形式的桥梁和纽带。

数字摄影技术主要表现在计算机对图片的处理和设计方面，数字影像的编辑与制作是通过计算机及相关的图片处理软件来完成的，设计制作出的画面能做到"天衣无缝"，且影像质量与艺术效果均能达到较高的水平。技术的变化不仅导致传统摄影方式的变革，也为摄影艺术的发展带来新的机遇。

本书由姜丽丽、陶新任主编，宋南、潘畅任副主编，付磊、曹帅、刘小维、于泰也参加了本书的编写。本书吸收了摄影教学改革与实践探索的有益经验，通过对以往课程教学理念、教学内容、教学方法和教学效果的反思与梳理，确立了编写的主导思想和基本原则，强调培养学生实践创造的能力。

本书可供高等院校基础摄影教学使用，也可供广大摄影爱好者参考。由于水平有限，难免存在缺点和错误，恳请大家批评指正。

编　者

2013 年 11 月

目 录 CONTENTS

第一章　数字摄影基础

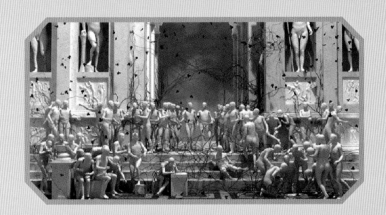

本章知识点

　　主要讲授数字摄影的发展：新传播环境下摄影文化的转变，新传播环境下摄影创作的拓展，新传播环境下摄影传播的延伸。还介绍了传感器的发展过程，重点阐述电荷耦合元件（CCD）、互补金属氧化物半导体（CMOS）对数字摄影的重要作用。

学习目标

　　了解数字摄影在新传播环境下的发展转变拓展延伸四个过程，理解数字摄影的历程，应用数字摄影完成学习和工作。学习传感器的发展过程，了解CCD对数字摄影的巨大作用，更好地应用它。

第一节　数字摄影的发展

一、新传播环境下摄影文化的转变

数字技术和互联网的普及使人类的文化生活越来越趋于"去中心化"，摄影在此影响下发生了深刻的变革，不仅摄影行为被极大地民主化，而且传统摄影文化的精英化特质被消解，摄影成为大众化娱乐方式，摄影艺术也从象牙塔走向民间。数字摄影的出现，使得摄影的生产方式、审美样式、观看方式发生了变化。

数字摄影技术的采集及传播比传统摄影技术的掌握更加简便，它的娱乐性、随意性、便捷性越来越明显，数字摄影成为一道方便可口的快餐，数字摄影文化成为快餐文化。数字化技术通过摄影的设备、图片储存器、数字影像处理软件以及传输设备将摄影拍摄方式推向民主；数字化改变了影像的生成方式，通过数字后期处理技术，影像被复制、修改、拼贴、组合、创意，为摄影创作带来了无穷无尽的可能性；网络数字化改变了摄影传播的方式，图像的生产、传输、观看的方式被数字化技术和互联网取代。在新传播环境下大众摄影文化已经成为主流摄影的文化态势，在"人人都可以成为摄影师"的时代，摄影已经成为大众的一种生活方式（图1.1）。

图1.1　数字摄影

数字技术同样给传统摄影艺术带来了变革，如何在图像产品众多的时代体现自己的风格，表达出自己的特色？摄影艺术家们不得不思考什么是摄影艺术的真谛，传统摄影艺术以反映客观世界的记录为主的形式，已经适应不了摄影文化多元发展的趋势，它迫使艺术家们更多地从人的主观意识出发，关注人的情感存在而非客观存在。艺术的创造性被看作体现摄影艺术生命力的重要标志。"对摄影来说，与绘画抗衡意味着乞灵于原创性来作为评价摄影师工作的重要标准，因而原创性也被等同于一种独特的、有说服力的感受力的标志"。在这个大众摄影时代，科技的发展使摄影成了大众表达的媒介，创新性已经成为大众摄影文化的特性，把摄影艺术的创新性与大众化相结合是当下摄影艺术发展的一大趋势（图1.2）。

二、新传播环境下摄影创作的拓展

数字技术与互联网技术相伴而来，形成了新的传播环境，它改变了人类的文化与生存空间，影响着人们的生活状态。毋庸置疑，数字技术为摄影创作创造了无限的多样性与可能性。数字技术的发展，带来了照相器材的更新换代，更带来了摄影艺术观念的改变，传统的摄影习惯、摄影方式、传播方式、观看方式被动摇，随之而来的是摄影艺术的表现语言、创作观念、创作手法、诠释方式的根本性变革。

1."数字蒙太奇"——用电脑绘制图像

数字技术日新月异的发展带给摄影创作最大的变化是影像的后期处理从暗房走向明室。数字影像处理技术改变了摄影的形态，动摇了摄影的传统属性，极大地拓展了摄影创作的空间。在摄影术诞生之初，摄影师便运用暗房技法对摄影形象进行拼贴组合，被誉为艺术摄影之父的雷兰德借用了拉斐尔的《雅典学院》的构图，将32张底版组合印成了《人生的两条路》，这是早期画意摄影的重要作品，也是最早的蒙太奇手法的运用。"照片上的形象和画布上的形象可以互相快速交流，一切新的手段都用上了：在照片上自由移位、挪位、变形、模仿、伪装、复制、重叠，还有特效。对形象移花接木、偷梁换柱是新鲜事。其灵活多变、毫无顾忌使人开心不已。"如今的数字影像不再需要摄影师在暗房中艰难摸索实验蒙太奇式的照片，而只需要摄影师使用数字图像处理软件便可实现天马行空的想法，"数字蒙太奇"是影像创作者处理影像、完成影像制作最常用的手段，它是传统暗房蒙太奇手法的延伸，是数字技术的产物。"数字蒙太奇"将影像的素材通过数字图像处理技术重新组合、拼贴、修饰，最终完成摄影师的创意。

进入数字影像时代，影像获取的方式扩展为以下三类：

① 拍摄镜头前真实存在的物体。

② 将照相机所拍的不同景物在电脑中进行合成，生成一个全新的、具有视觉真实感的物体。

③ 完全由计算机软件创造出景物，也可以将软件生成的景物再与照相机拍摄的景物合成，形成新的物体影像。

"数字蒙太奇"除了将影像素材重新合成，创作出全新的影像之外，还包括由动态与静态、二维与三维等数字影像软件直接创造虚拟影像。在摄影从传统到数字的技术革命中，缪晓春无疑是一位先行者。在缪晓春的《虚拟最后审判》的影像作品中，

图1.2 摄影艺术

图1.3 虚拟最后审判/缪晓春

图1.4 数字影像艺术

他用自己的形象创建了数字模型代替了米开朗基罗《最后的审判》中的400余位人物，将艺术史上的二维绘画作品转换成虚拟的三维场景，再用电脑中的虚拟摄像机和照相机拍摄"静态照片"或者是"动态影像"，经过渲染后再打印出来。缪晓春的影像作品打开了新的虚拟世界，在改变了传统的表现方式和观看方式的同时，也为艺术史上的名作带来了全新的诠释及意义（图1.3）。

2.数字影像艺术与其他艺术门类的越界

数字技术发展时期正是后现代文化繁荣发展时期，数字影像艺术与其他艺术门类一样，呈现出异彩纷呈的景象，不但表现手法有许多不同的风格，在创作方法上也跨出了单一的局限，与其他媒介综合并用，逐渐从摄影传统的社会记录性发展成为艺术家抒发个人思想感情、表达个性和大众传播所需要的载体。尤其是数字技术的发展、照相机自动化程度的提高，使得任何艺术家都可以在极短的时间内掌握这门技术，再加上摄影本身的记录属性，摄影被看作与绘画的颜料、铅笔一样，成为艺术家使用的创作媒介，它自然成为其他艺术家乐此不疲用来创作的表达手段之一。在艺术摄影中，摄影与大多数当代艺术家所从事的行为艺术、装置艺术的创作活动发生着联系，从而衍生出行为摄影、装置摄影等艺术摄影样式。实际上，摄影不光具有记录属性，最能表现它的艺术属性的还是它的表现性。当影像被当做记录媒介的时候，摄影师们也在考虑如何使摄影由记录工具提升为表现手段。数字影像技

术和后现代文化思潮为摄影表现属性的发展提供了空间。首先，数字影像技术为其提供了技术支持；其次，与其他艺术门类的交流为其培育了艺术土壤。新传播环境下的摄影，已经突破了传统的摄影观念，摄影已从"照相"演变成了"造相"，再演变为经艺术创作的"虚相"。数字技术的发展给摄影师提供了更广阔的创作空间，同时也造成了一种虚幻的虚拟现实感的产生。数字摄影与其他艺术媒介之间的联手，促使了摄影创作手段的拓展，带来了艺术摄影的发展（图1.4）。

三、新传播环境下摄影传播的延伸

传播作为人们社会生活的一部分，在数字化的过程中同样经历着深刻的变革。在数字时代，传播形态发生了本质的变化，人类拥有更为宽广的视野，获得了更为丰富的信息，人们的阅读心理和接受心理也随之改变。图像传播也在此期间发生转型，成为传播领域的重要载体，而摄影作为图像传播的重要媒介，随着数字化、网络化和手机通信及拍照功能的迅速发展，越来越呈现出平民化与大众化的趋势。"摄影公民""公民摄影"成为新传播环境下摄影的代名词，对于普通大众来说，他们不仅可以借助摄影记录生活，随

时拍摄身边的人和事，留下生活中的美好；也可能成为匿名的社会忠实记录者，即时记录新闻突发事件，揭示社会边缘事件。拍摄照片后可以及时地、自主地在网络上发表、展示，博客和个人空间成为人们相互展示与相互交流的最好平台，人们从中获得了摄影公共话语权，任何人都可以拍摄照片、上传照片、下载照片，"现代社会中，拍摄如同言语、写作，是公民的基本权利。正当的拍摄，就是用影像发声，记录当下的实景，传达个人的体悟。"新传播环境下的摄影变得平民化、大众化，人们从拍摄的客体变为主体，参与到影响大众、影响社会的大众传播行动中来。

以数字化与网络化为主导的新传播环境，对于新闻摄影来说是把双刃剑，一方面它带来了新闻摄影的技术解放，使得新闻摄影的拍摄及传播变得快速、便捷；另一方面，由于它的大众化让专业新闻摄影师受到前所未有的挑战。

新的传播环境下新闻摄影师最先面临的是拍摄工具的改变，摄影设备的数字化，让摄影师彻底摆脱了传统拍摄方式的束缚，首先让摄影师省去了冲洗胶卷、放大照片的时间；其次由于数码照相机（简称数码相机，又名数字相机）立拍立现的功能让摄影师可以边拍摄边查看，避免了传统胶片相机拍摄时的不确定性；再次，数码照相机拍摄过程中几乎无耗材，大大节约了拍摄成本。图片编辑是新闻摄影师在数字时代面临的第二大改变，一是数字时代的摄影作品传播篇幅越来越多；二是数字摄影作品编辑的技术路径多样化。新闻摄影师可以自如地对照片进行网上编辑和处理，将摄影作品制作成电子杂志、电子报纸，甚至与视频、音频技术结合制作成多媒体作品，刚刚兴起的流媒体形式的摄影作品将是未来摄影图片编辑及传播的一种趋势。数字化与网络化进程的发展，还改变了传统的传播模式，传播从单向变成双向，传播者可以及时得到受众的反馈；另外，随着数字多媒体技术的完善，使得图片传播可以在网络上与文字、声音、动画结合，图片传播的方式越来越多样化。

在数字化、网络化时代，新闻摄影师在数字技术的潮流中面临的不仅仅是拍摄工具、图像制作、图像传播等工作方式上的改变，更主要的是新闻摄影师的专业性面临着巨大的挑战。随着数码相机的普及、手机拍照功能的成熟，人人都能成为影像的制造者和传播者，尤其对于重大突发新闻事件的现场，专业摄影师与业余摄影爱好者的界限已经变得很模糊。2005年，一个名为"Cell Journalist"（手机记者）的新闻供稿服务机构在美国田纳西州成立，其创始人帕克·伯利德认为："今天，当突发事件发生时，最先拍到照片的人往往是拿着手机照相的过路人，而不是专业摄影记者。"手机记者在新的传播环境下对传统的新闻领域产生了强有力的冲击，它的大众参与性、及时性、互动性使得新闻摄影从专业性走向平民化，并且产生强大的社会力量。

新的传播环境使影像的生产、传播和使用的方式产生剧烈变革，数字技术解构了传统摄影的确证和记录的本质，给新闻图像的真实性带来了信任危机；摄影艺术创作不再拘泥于摄影本质语言的表现，结合多种艺术表现手法，借助于各种多媒体技术把摄影从记忆中的现实空间转化为想象中的拟像空间；作为大众传播媒介的摄影越来越多地与各种传播平台发生交互与融合，发挥着摄影独特的传播地位与价值。

第二节　传感器的发展过程

一、传感器的定义与分类

传感器是一种物理装置或生物器官，能够探测、感受外界的信号、物理条件（如光、热、湿度）或化学组成（如烟雾），并将探知的信息传递给其他装置或器官。

常将传感器的功能与人类5大感觉器官相比拟：

光敏传感器——视觉；

声敏传感器——听觉；

气敏传感器——嗅觉；

化学传感器——味觉；

压敏、温敏、流体传感器——触觉。

按输出信号为标准分类如下：

模拟传感器：将被测量的非电学量转换成模拟电信号。

数字传感器：将被测量的非电学量转换成数字输出信号（包括直接和间接转换）。

膺数字传感器：将被测量的信号量转换成频率信号或短周期信号的输出（包括直接或间接转换）。

开关传感器：当一个被测量的信号达到某个特定的阈值时，传感器相应地输出一个设定的低电平或高电平信号。

二、CCD的诞生与发展

1. CCD的诞生

当CCD（Charge Coupled Device，电荷耦合元件）诞生在这个地球的时候，注定了一场影像革命轰轰烈烈的启程，也注定了人类视觉体验的不断更新。CCD是于1969年由美国贝尔实验室（Bell Labs）的维拉·波义耳（Willard S.Boyle）和乔治·史密斯（George E.Smith）所发明的。当时贝尔实验室正在发展影像电话和半导体气泡式内存。将这两种新技术结合起来后，波义耳和史密斯得出一种装置，他们将其命名为"电荷'气泡'元件"（Charge "Bubble" Devices）。这种装置的特性就是它能沿着一片半导体的表面传递电荷。由于当时只能从暂存器用"注入"电荷的方式输入记忆，人们便尝试用"电荷'气泡'元件"来做为记忆装置。但随即发现光电效应能使此种元件表面产生电荷，而组成数位影像。

CCD图像传感器使用一种高感光度的半导体材料制成，能把光线转变成电荷，通过模/数转换器芯片转换成数字信号，数字信号经过压缩以后由相机内部的闪速存储器或内置硬盘卡保存，因而可以轻

图1.5 CCD

而易举地把数据传输给计算机，并借助于计算机的处理手段，根据需要和想象来修改图像。CCD由许多感光单位组成，通常以百万像素为单位（图1.5）。当CCD表面受到光线照射时，每个感光单位会将电荷反映在组件上，所有的感光单位所产生的信号加在一起，就构成了一幅完整的画面。

和传统底片相比，CCD更接近于人眼对视觉的工作方式。只不过，人眼的视网膜是由负责光强度感应的杆细胞和色彩感应的锥细胞，分工合作组成视觉感应。CCD经过长达35年的发展，大致的形状和运作方式都已经定型。CCD的组成主要是由一个类似马赛克的网格、聚光镜片以及垫于最底下的电子线路矩阵所组成。

目前有能力生产CCD的公司分别为：Sony、Philips、Panasonic、Fujifilm和Sharp，大多是日本厂商。

数码相机的核心成像部件有两种：一种是广泛使用的CCD（电荷耦合元件）；另一种是CMOS（互补金属氧化物半导体）。

2. CCD发展现状

随着用户的要求不断提高，传统的CCD技术已经没有办法满足现在使用者对数字影像的需求。为了迎合用户需求，占领市场，近几年一些厂商又推出了几种新的CCD技术。

（1）Full Frame CCD（全帧CCD）与

Interline Transfer CCD（中间列传输CCD）

每一个像素单元中的Shift Register（移位寄存器）整齐地排成一列列的，把真正起感光作用的光电二极管夹在中间。所以这种器件被叫作Interline Transfer CCD。由于每个像素单元中，真正用于感光的面积只占30%左右，那么它的感光效率就比较低。所以在真正的成品中，会在每个像素单元的上面，再造一个Microlenses（微镜），光学镜片在光电二极管的正上方，面积造得比较大，这样就能把更多的入射光集中到光电二极管上，使等效的感光面积达到像素面积的70%左右。

Kodak专业产品中采用的CCD，是Full Frame Transfer（全帧传输）。在每个像素单元中，有70%的面积用来制造光电二极管。整个像素的框内几乎全是感光面积。不需要也没办法放置更大面积的Microlenses（微透镜）来提高它的采光量。它的读出顺序和Interline Transfer CCD是一样的。这种结构的好处是，可以得到尽量大的光电二极管，达到更好的成像质量。可以说，同样的CCD面积，Full Frame（全帧）肯定会有更好的性能。缺点：这种CCD不能输入Video（视频）图像，不能用液晶显示屏做取景器，必须以机械快门配合工作，并且机械快门限制它的最高快门速度。

（2）Super CCD（超级CCD）

早期的CCD都是井然有序的"耕田"状。当CCD技术到了日本富士公司手中，工程师开始省思CCD一定要这样排列吗？为了兼具Interline Transfer CCD的低成本设计，又要能兼顾Full Frame CCD的大感光面积，富士公司提出了一个跌破专家眼镜的折中方案Super CCD。Super CCD是目前市面上唯一使用蜂巢式结构的CCD，其借助八边形几何构造和间断排列，以Interline Transfer CCD的方式为基本，争取最大限度的CCD有效面积利用率。但，早先的技术让通道过于拥挤，产生了不良的噪声，时至今日Super CCD已经发展到第三代，几乎所有不良的缺点都已经改进。

（3）Foveon多层感色CCD

2002年2月，美国Foveon公司发布多层感色CCD技术。在Foveon公司发表X3（一种用单像素提供三原色的CMOS图像感光器技术）技术之前，一般CCD的结构是类似以蜂窝状的滤色版，下面垫上感光器，借以判定入射的光线是RGB（红绿蓝）三原色的哪一种。

然而，蜂窝技术（美国又称为马赛克技术）的缺点在于：分辨率无法提高、辩色能力差以及制作成本高昂。也因此，这些年来高阶CCD的生产一直被日本所垄断。新的X3技术让电子科技成功地模仿"真实底片"的感色原理，依光线的吸收波长逐层感色，对应蜂窝技术一个像素只能感应一个颜色的缺点，X3的同样一个像素可以感应3种不同的颜色，大大提高了影像的品质与色彩表现。

X3还有一项特性，那就是支持更强悍的CCD运算技术VPS（Variable Pixel Size，可变像素）。透过"群组像素"的搭配，X3可以达到超高ISO值（必须消减分辨率）、高速VGA动画录像。比Super CCD更强悍的在于X3每一个像素都可以感应3个色彩值，就理论上来说X3的动画拍摄在相同速度条件下，可能比Super CCD Ⅲ还来得更精致。

（4）Sony四色感应CCD

传统的CCD为三原色矩阵，新Sony CCD将浅绿色加入，新一代的CCD不仅在省电及功率上做文章，对色彩的表现有了更多的着墨。

日本Sony公司一改以往三色CCD的传统，创新推出一个具备"新颜色"的四色过滤器CCD命名为ICX456。新增的颜色（E）是祖母绿（Emerald）！不同于以往三个原色RGB，"E"这个颜色加强了对自然风景的解色能力，让绿色这个层次能够创造出更多的变化。应用的效果有点类似喷墨打印机加装淡蓝和洋红这两支淡色，以期能够增强混色能力与效果，此外配合新色阶的CCD，Sony也开发了新图像处理机，不仅有效地减少了30%的功率消耗，更加快了处理速度和绿色色阶分析能力。

这项发明的特点在于传统的数字照相机主要使用三原色过滤矩阵，对每一个光点（或称画素Pixel）产生三种不同颜色的强度：红色（R）、绿色（G）和蓝色（B）数据，再将这些数据与彩色电视或监视器整合发色，形成人们所看到的影像。

三、CCD和CMOS的区别

1.信息读取方式不同

CCD传感器存储的电荷信息需在同步信号控制下一位一位地实施转移后读取，电荷信息转移和读取输出需要有时钟控制电路和三组不同的电源相配合，整个电路较为复杂。CMOS传感器经光电转换后直接产生电流（或电压）信号，信号读取十分简单。

2.速度有所差别

CCD传感器需在同步时钟的控制下以行为单位一位一位地输出信息，速度较慢；而CMOS传感器采集光信号的同时就可以取出电信号，还能同时处理各单元的图像信息，速度比CCD传感器快很多。

3.电源及耗电量

CCD传感器大多需要三组电源供电，耗电量较大；CMOS传感器只需使用一个电源，耗电量非常小，仅为CCD传感器的1/8 ~ 1/10，CMOS光电传感器在节能方面具有很大优势。

4.成像质量

CCD传感器制作技术起步较早，技术相对成熟，采用PN结合二氧化硅隔层隔离噪声，成像质量相对CMOS传感器有一定优势。由于CMOS传感器集成度高，光电传感元件与电路之间距离很近，相互之间的光、电、磁干扰较为严重，噪声对图像质量影响很大。

CCD与CMOS两种传感器在"内部结构"和"外部结构"上都是不同的。

5.自身结构

CCD的成像点为X–Y纵横矩阵排列，每个成像点由一个光电二极管和其控制的一个邻近电荷存储区组成。光电二极管将光线（光量子）转换为电荷（电子），聚集的电子数量与光线的强度成正比。在读取这些电荷时，各行数据被移动到垂直电荷传输方向的缓存器中。每行的电荷信息被连续读出，再通过电荷/电压转换器和放大器传感。这种构造产生的图像具有低噪声、高性能的特点。但是生产CCD需采用时钟信号、偏压技术，因此整个构造复杂，

图1.6　CMOS传感器

增大了耗电量，也增加了成本。

CMOS传感器周围的电子器件，如数字逻辑电路、时钟驱动器以及模/数转换器等，可在同一加工程序中得以集成。CMOS传感器的构造如同一个存储器，每个成像点包含一个光电二极管、一个电荷/电压转换单元、一个重新设置和选择晶体管以及一个放大器，覆盖在整个传感器上的是金属互连器（计时应用和读取信号）以及纵向排列的输出信号互连器，它可以通过简单的X–Y寻址技术读取信号（图1.6）。

虽然CMOS传感器真正的快速发展只有几年时间，虽然在品质上仍难与CCD传感器媲美，但是相信在不久的将来CMOS终会取代CCD成为主流，而这只不过是时间的问题。CMOS要想成为市场主流必须克服的最大的问题就是成像品质。就目前的效果而言，较高像素的CMOS传感器已经面临到感光度、信噪比不足等多项问题，影像品质无法与同级CCD传感器相比。以目前的条件来看，CMOS传感器要普遍应用在500万像素以上的数码相机市场，时机尚未成熟。但是，CMOS传感器市场应用范围很广，涵盖消费、商业、工业等多种领域，根据市场供求量的计算，在未来的发展中，CMOS传感器将会占有很大的市场。

······ 思考与练习 ······

1.在新的传播环境下摄影是如何发展的？

2.CCD的诞生对摄影产生怎样的影响？

第二章 数字影像拍摄技术基础

本章知识点

　　了解数字相机的种类的同时了解数字相机的工作原理，目前数码相机的核心成像部件有两种：一种是广泛使用的CCD（电荷耦合元件）；另一种是CMOS（互补金属氧化物导体）器件。根据数字相机的工作原理和基本结构，熟悉数字相机的保养、选购以及常用数字存储媒体、数字摄影基本附件的选配。

学习目标

　　了解数码相机的种类、数码相机的工作原理、数码相机的构成元件与主要结构、数码相机的保养以及数码相机选购。

第一节 数码相机的种类

数码相机的种类大致分为数码单反相机和卡片数码相机、长焦数码相机三种。

1.数码单反相机

数码单镜头反光相机（Digital Single Lens Reflex Camera，简写DSLR）简称数码单反相机，是一种以数码方式记录成像的照相机，属于数码静态相机（Digital Still Camera，DSC）与单反相机（DSLR）的交集。数码单反相机就是使用了单反新技术的数码相机。单镜头反光（Single Lens Reflex，简写SLR，简称单反）是当今最流行的取景系统，大多数35mm照相机都采用这种取景器。在这种系统中，反光镜和棱镜的独到设计使得摄影者可以从取景器中直接观察到通过镜头的影像。因此，可以准确地看见胶片即将"看见"的相同影像。该系统的心脏是一块活动的反光镜，它呈45°角安放在胶片平面的前面。进入镜头的光线由反光镜向上反射到一块毛玻璃上。取景时，进入照相机的大部分光线都被反光镜向上反射到五棱镜，几乎所有单反照相机的快门都直接位于胶片的前面（由于这种快门位于胶片平面，因而称作焦平面快门），取景时，快门闭合，没有光线到达胶片。当按下快门按钮时，反光镜迅速向上翻起让开光路，同时快门打开，于是光线到达胶片，完成拍摄。然后，大多数照相机中的反光镜会立即复位。

数码单反相机的一个很大的特点就是可以交换不同规格的镜头，这是单反相机天生的优点，是普通数码相机不能比拟的。另外，数码单反相机都定位于数码相机中的高端产品，因此在关系数码相机摄影质量的感光元件（CCD或CMOS）的面积上，数码单反相机的面积远远大于普通数码相机，这使得数码单反相机的每个像素点的感光面积也远远大于普通数码相机，因此每个像素点也就能表现出更加细致的亮度和色彩范围，使数码单反相机的摄影质量明显高于普通数码相机（图2.1）。

图2.1 数码单反相机

2.卡片数码相机

卡片数码相机在业界内没有明确的概念，小巧的外形、相对较轻的机身以及超薄时尚的设计是衡量此类数码相机的主要标准。虽然它们功能并不强大，但是最基本的曝光补偿功能还有超薄数码相机的标准配置，再加上区域或者点测光模式，这些"小东西"在有时候还是能够完成一些摄影创作。

与其他相机相比卡片数码相机的优点：时尚的外观、大屏幕液晶屏、小巧纤薄的机身，操作便捷。缺点：手动功能相对薄弱、超大的液晶显示屏耗电量较大、镜头性能较差。

卡片数码相机一般只有液晶屏取景，而且液晶屏很大，大部分没有光学取景器，液晶屏耗电厉害。

卡片数码相机是为携带方便而设计，功能不强，一般都是自动曝光，很少有手动功能（图2.2）。

3.长焦数码相机

长焦数码相机，顾名思义，就是拥有长焦镜头的数码相机。长焦数码相机指的是具有较大光学变焦倍数的机型，而光学变焦倍数越大，能拍摄的景物就越远。

长焦数码相机主要特点其实和望远镜的原理差不多，通过镜头内部镜片的移动而改变焦距。当人们拍摄远处的景物或者是被拍摄者不希望被打扰时，长焦的好处就发挥出来了。另外焦距越长则景深越浅，和光圈越大景深越浅的效果是一样的，浅景深的好处在于突出主体而虚化背景，相信很多发烧友在拍照时都追求一种浅景深的效果，这样使照片拍出来更加专业（图2.3）。

图2.2　卡片数码相机

图2.3　长焦数码相机

第二节　数码相机的工作原理及基本结构

一、数码相机的工作原理

当按下快门时，镜头将光线会聚到感光器件（CCD或CMOS）上，它代替了普通相机中胶卷的位置，它的功能是把光信号转变为电信号，这样，就得到了对应于拍摄景物的电子图像，但是它还不能马上被送去计算机处理，还需要按照计算机的要求进行从模拟信号到数字信号的转换，ADC（模/数转换器）器件用来执行这项工作。接下来在MCU（主控程序芯片）控制下对数字信号进行压缩并转化为特定的图像格式。最后，图像文件被存储在内置存储器中。至此，数码相机的主要工作已经完成，可以通过LCD（液晶显示器）查看拍摄到的照片。

由此可见，传统相机处理的是光学模拟信号，数码相机是将光学模拟信号转换为电子数字信号，在各组成部分的协同工作下，进行复杂的数字化处理。

二、数码相机的构成元件

数码相机一般由镜头、CCD或CMOS、ADC、DSP（数字信号处理器）、MCU、LCD、输出接口（计算机接口、电视机接口）、电源、闪光灯、影像编辑压缩器及影像存储器组成。

（1）镜头

将光线汇聚到感光元件CCD或CMOS上。

（2）CCD或CMOS

把光信号转换为电信号的感光元件。CCD上有许多光敏单元，采用PN结和二氧化硅（SiO_2）隔离层隔离，它们可以将光线转换成电荷，从而形成对应于景物的电子影像。CCD的结构，用形象的比喻就像一排排并列放置于输送带上的小桶，光线就像小水滴落入各个小桶中，每个小桶代表一个光电二极管。衡量CCD质量的指标有多个，主要有两个：CCD芯片的大小和它的像素。CCD芯片的大小，关系到一定焦距镜头，用在相应数码相机拍摄视角的大小。

CMOS是英文Complentary Metat-oxide Semiconductor的缩写，译为：互补金属氧化物半导体。与CCD相比，CMOS的主要优点：CMOS芯片的能量消耗较低；相同像素的CMOS芯片比CCD芯片成本低，价格便宜不少；能以更好的工艺制造出可以满足连续拍摄要求的成像芯片。CMOS采集光信号的同时就可以取出电信号，还能同时处理各单元的图像信息，速度比CCD快得多。CMOS只需使用一个电源，耗电量非常小，仅为CCD的1/8 ~ 1/10。

（3）ADC

将连续的模拟电信号转换为离散的数字信号。在数码相机中，由CCD或CMOS生成的影像信号，还需要经过A/D转换（模/数转换）、数字信号处理以及影像压缩，最后才能保存在影像存储器里。A/D转换器是数码相机（而在传统相机中没有）中的一个关键部件。它可以将连续变化的模拟信号离散化，转换为相机的离散形式的数字信号。A/D转换器的主要指标是转换速度和量化精度。转换速度是将模拟信号转换为数字信号所用时间的长短。

（4）DSP

经过高速运转处理，把数字信号转换为图像。DSP的主要功能是通过一系列复杂的数学运算，对数字图像进行优化处理，包括：白平衡、色彩平衡、伽玛（Gamma）校正与边缘校正，优化处理的效果将直接影响数字照片的品质。

（5）MCU

指挥数码相机各部分协同工作。

（6）LCD

通过它来取景或是查看拍摄到的影像。

（7）输出接口

把拍摄好的影像输出给计算机、电视机、打印机或其他设备。

（8）电源

为数码相机提供电能的电池或稳压电源。

（9）闪光灯

与传统相机的功能完全一样。

（10）影像编辑压缩器

将得到的图像转换成JPEG等压缩图片格式。

（11）影像存储器

用于保存影像，为固定式的内置存储器或是活动式的外置存储卡。有固定式内置存储器和可移动式外置存储器。

① 内置存储器　内置存储器是内置固定化式存储媒体的简称，是固定在数码相机内的。目前，内置存储器多见于低档入门级的数码相机。

② 外置存储器　外置存储器也被称为可移动存储媒体，随时可以装入数码相机，存储满后并可方便地从数码相机中取出，再装入同类存储器后就可继续拍摄。

三、数码相机的主要结构

数码相机的种类繁多，样式、型号各有所不同，但其结构基本相同，都由镜头、光圈、快门、取景器、调焦装置、输出控制单元、机身等基本组成。

1.镜头

镜头的作用是将被摄景物成像于图像传感器上，镜头由透镜组构成，其性能水平是影像画面质量高低的决定因素。镜头一般分为标准镜头、广角镜头、超广角镜头、远摄镜头、鱼眼镜头、变焦镜头、微距镜头、中长焦镜头、移轴镜头等。根据焦距的调节可分为定焦距镜头和变焦距镜头。定焦距镜头又可分为标准镜头、广角镜头（短焦距镜头）、远摄镜头（长焦距镜头）（图2.4）。

2.光圈

通过在镜头内部加入多边形或者圆形，并且面积可变的孔状光栅来达到控制镜头通光量，这个装置就叫做光圈（图2.5）。

光圈英文名称为Aperture，用来控制透过镜头进入机身内感光面的光量，是镜头的一个极其重要的指标参数。它的大小决定着通过镜头进入感光元件的光线的多少。光圈大小用光圈系数（F）表示，其中，F＝镜头的焦距/镜头的入射光孔直径。

图2.4　镜头

图2.5　光圈

3.快门

快门是照相机用来控制感光片有效曝光时间的机构，是照相机的一个重要组成部分，它的结构、形式及功能是衡量照相机档次的一个重要因素。不过当要拍的是夜晚的车水马龙，快门时间就要拉长，常见照片中丝绢般的水流效果也要用慢速快门才能拍出来。快门速度盘上标有1、2、4、8、15、30、60、125、250、500等数字表示曝光时间秒数的倒数，如"125"档则表示曝光时间为1/125s，数据越大，快门开启的时间越短，进光量越少。在快门速度盘上还标有"B"或"T"的快门时间档，当快门置于"B"档，手指按下时快门开启，抬起时快门才关闭；当快门置于"T"档，手指按一次开启快门，再按一次则关闭快门。

快门的作用是控制进光时间和影响运动物体成像的清晰度。

4.取景器

取景器即数码相机上通过目镜来监视图像的部分，现在的数码相机的目镜取景器只有黑白取景器和彩色取景器。但对于专业级的数码相机来说都是黑白取景器，因为黑白取景器更利于摄影师来正确构图。数码相机取景器结构和其液晶显示屏一样，两者均采用TFT液晶，而不同点在于两者的大小和用电量。液晶显示屏除了取景与查看照片资料外，还有一个更重要的功能，就是功能菜单的显示（图2.6）。

图2.6 取景器

5.调焦装置

用任何照相机拍摄，都要进行调焦，调焦的目的是使被摄主体能在图像传感器上形成清晰的影像。调焦装置就是让拍摄者能达到该目的的调节装置。照相机的调焦大多是利用电子测距器自动进行的。当半按照相机快门按钮时，根据被摄目标的距离，电子测距器可以把前后移动的镜头控制在相应的位置上，使被摄目标成像最清晰。

6.输出控制单元

USB接口：用专用电缆与计算机相连接，通过数码相机的驱动软件把照片下载到计算机硬盘上（图2.7）。

视频接口：通过视频线与电视机相连接，通过电视机的大屏幕观看数码照相机所拍摄的照片（图2.8）。

图2.7 USB接口

图2.8 视频接口

图2.9 机身

7.机身

机身是照相机的暗箱，其他部件安装在机身上形成一个整体（图2.9）。

第三节　数码相机的保养

数码相机的保养维护方法有很多，但最重要的是摄影习惯，当拍照完毕后，要及时将相机装进"原配"的相机包；暂时不拍照时要盖好镜头盖，并且注意清洗镜头盖上的灰尘；装包时，要用吹气器吹扫镜头；而在潮湿多尘的环境下，要把相机装进塑料袋里。

1.装卡注意事项

装存储卡是使用数码相机的一项经常性操作。在向数码相机中装卡时要注意两点：首先，必须在相机关机状态下进行；其次，要注意方向，对某些类型的存储卡，只能指定方位装入数码相机。每种存储卡都有相应的标记供装卡时识别。

2.取卡的注意事项

不同的存储卡从相机中取出的方式也不一样，如SM卡，通常是在仓盖开启后，直接用手将卡压住就会自动弹出，而PCMCIA3型破镜重圆卡和CF卡，则要在仓盖打开后按下相机释放键后才能取出。

在数码相机的保养过程中应注意以下七防。

（1）防潮

防潮就是防潮湿、防水分。自然环境中含有一定比例的水分，在我国江南的春夏雨季，空气中水汽比北方多，有时呈且饱和状态，对照相机十分不利，在此期间，就得采取防潮措施。数码相机还要防水，如果是下雨天摄影，随时都要注意不要让雨水淋湿相机。

图2.10　液晶显示屏擦拭1

图2.11　液晶显示屏擦拭2

图2.12　液晶显示屏擦拭3

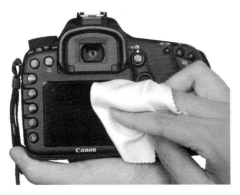

图2.13　液晶显示屏擦拭4

（2）防震

防震就是防止数码相机受到剧烈震动。剧烈震动会使数码相机的内部零件移位、松动、脱落，外出拍摄乘车途中要注意不要将相机随便扔在车上，应背在肩上减少震动，确保安全。

（3）防尘

相机总要在空气中工作，而空气中多少总有些灰尘，特别是在北方，气候干燥，风沙较多，因此在这些地方拍摄防尘尤为重要。

（4）防污

防污就是防止赃物沾污，相机要经常拿在手中使用，镜头很容易被沾污，尤其是指纹，一不小心就印到镜头上，相机上沾有污物后应及时清洗，每次用毕后应给予清洁处理。然后妥善存放。

（5）防冷热

不要让相机长时间在太阳下暴晒，应存放在通风干燥处。通常数码相机的使用温度在0～40℃之间，超过或低于这个温度范围对数码相机的寿命都有影响。

（6）防霉

防霉主要是防止镜头、电子元器件霉变。在我国南方各省，气温高，湿度大，如果保管不善，很容易造成相机内部电子元器件和镜头等产生霉变。

（7）防静电

数码相机内部有着复杂电路装置，在使用数码相机时应注意身上所产生的静电。尤其是在冬天，气候干燥，身上的化纤织物能产生大量的静电，这些静电很容易造成相机内部电子元器件的损坏。

3.液晶显示屏（LCD）的保养

彩色液晶显示屏是数码相机重要的特色部件，不但价格很贵，而且容易受到损伤，因此在使用过程中需要特别注意保护。

①更换背景照明灯；

②避免LCD内部烧坏；

③防湿；

④正确地清洁LCD；

⑤防振；

⑥勿拆卸LCD。

数码相机的液晶显示屏是最容易脏污的地方。用眼镜布或抹布擦拭时，请由内向外，并轻手轻脚，太大力重压是不行的（图2.10～图2.13）。

4.镜头的保养

相机使用后，镜头多多少少也会沾上灰尘。所以镜头的保养很重要，先用吹球将大部分的砂粒、灰尘吹去，使用镜头专用擦拭布，由中心向外面轻轻擦去剩下的污渍。至于市面上所贩卖的镜头专用清洁液，如要使用，请要先沾在拭镜纸上再擦镜头，可不能直接滴在镜头上！这里不赞成使用清洁液，因为一来有水的成分可能渗入镜头中，二来有可能影响镜头上镀膜的耐久程度。如果常使用相机，建议至少1周清洁相机与镜头1次。

5.正确使用充电电池

数码相机LCD显示屏耗电较大，使用可充电的、镍镉或镍氢电池比较合适。使用充电电池还要注意：电池完全充电后不宜马上使用，这是因为电池完全充电后其闭路电压会超过额定电压值，这时如果马上使用可能烧坏数码相机内的有关电路元件，所以电池完全充电后要放置一段时间，待电池通过自放电恢复到额定电压之后再使用。

第四节　数码相机选购

数码相机已经成为一种普及的数码产品，但是价格却千差万别。其中细节也有诸多考究。从实用性出发选择一台合适的而非价格昂贵的数码相机更适用于大多数人。

可以说，镜头是一部相机的灵魂，数码相机当然也不例外，无论是光学相机还是数码相机，镜头都是最不可忽视的要素之一。表面上看，数码相机由于感光元件分辨率有限，理论上对镜头的光学分辨率要求会比较低，但由于普通数码相机采用的是CCD或者CMOS感光元件进行感光，其面积要比传统胶片的面积小很多，因此对镜头解析度的要求就更加严格。否则，数码相机即便有很高的像素，成像质量仍旧会因为镜头的原因而比较差。换句话说，就是数码相机采用的光学镜头的解析能力一定要优于感光元件的分辨率。

在购买时应注意以下几点。

1.先看机身

先看机身上有没有指纹，如果有的话说明已经用过不是新机，甚至是样品机、返修机。买之前轻轻摇一摇，听有没有元件松动的哗啦哗啦声，有的话肯定是质量问题，不管卖家狡辩什么，马上换掉。

2.检查取景器

仔细观察照出来的景物与取景器看到的景物有没有偏移现象，如果有的话，可能是里面的五棱镜歪了，或者是感光元件歪了，绝对是质量问题，立刻换掉。

3.检测时间设置

对于全新的数码单反相机来说，在第一次开机时，会要求输入当前的时间。如果一台新开封的数码单反相机，机内的时间已经被设置过了，那么说明这台数码单反相机已经被人使用过。

4.检查液晶屏

检查液晶屏是否存在亮点或者暗点的方法与选购笔记本电脑或者液晶显示器时如出一辙：盖上镜头拍摄一张全黑图片，再对着白纸拍摄一张全白图片，即可用肉眼观察出液晶屏是否存在亮点或者暗点。

5.检测图片编号

通过照片编号的方式也能对数码单反相机进行挑选。这需要使用一张完全空白的存储卡，然后将存储卡放置在数码单反相机中进行拍摄。如果是全新未使用过的产品，那么照片的文件名应该从0001开始编号。例如，佳能为IMG_0001.jpg，尼康为DSC_0001.jpg，索尼为DSC00001.jpg，以此类推。如果拍摄的照片编号不是从初始状态开始编号，那么这台数码单反相机就有使用过的痕迹。但是需要注意的是，一定要使用一张完全空白的存储卡，要不然，文件的初始编号将受到某种干扰。例如，对于佳能的数码单反相机来说，如果存储卡上有一个255CANON的文件夹，那么第一张照片的编号就将变成IMG_2601.jpg，而不是IMG_0001.jpg。

6.检查镜头

原装未开封过的镜头都是一尘不染的，看看镜头卡口上是否有用痕，镜面上是否有灰尘。

7.根据说明书检查配件的齐全性

一般来说，数码单反单机包括主机、电池、充电器、电源线、USB线、肩带、光盘、说明书和保修卡等配件（数码单反相机销售时不配存储卡）。如果是套机，还会加上镜头。这里需要注意一点，某些数码单反相机在销售时很可能有几种套装镜头选择。

第五节 常用数字存储媒体

常用数字存储媒体一般分为CF卡、SD卡、XD卡、SM卡、记忆棒、微型硬盘以及其他存储媒体。

图2.14 CF卡

图2.15 SD卡

图2.16 记忆棒

1.CF卡

CF（Compact Flash）卡最初是一种用于便携式电子设备的数据存储设备。作为一种存储设备，它革命性地使用了闪存，于1994年首次由SanDisk公司生产并制定了相关规范。当前，它的物理格式已经被多种设备所采用（图2.14）。

2.SD卡

SD（Secure Digital Memory Card）卡中文翻译为安全数码卡，是一种基于半导体快闪记忆器的新一代记忆设备，它被广泛地于便携式装置上使用，例如数码相机、个人数码助理（PDA）和多媒体播放器等（图2.15）。

3.SM卡

SM（Smart Media）卡是微存储卡的一种，跟SD卡差不多。由东芝公司在1995年11月发布的Flash Memory（闪存）存储卡，三星公司在1996年购买了生产和销售许可，这两家公司成为主要的SM卡厂商（注：现已淘汰）。

4.记忆棒

记忆棒（Memory Stick）又称MS卡，是一种可移除式的快闪记忆卡格式的存储设备，由索尼公司制造，并于1998年10月推出市场；它亦被概括了整个Memory Stick的记忆卡系列。记忆棒用在SONY的PMP、PSX系列游戏机，数码相机，数码摄像机，索爱手机，还有笔记本上，用于存储数据，相当于计算机的硬盘（图2.16）。

第六节　数字摄影基本附件的选配

在购买相机时通常会购买一部分附件，下面就为大家介绍几样通常所用的附件。

1.UV镜

UV镜又叫做紫外线滤光镜（即Ultra Violet）。通常为无色透明的，不过有些因为加了增透膜的关系，在某些角度下观看会呈现紫色或紫红色。许多人购买UV镜来保护娇贵的镜头镀膜，其实这仅仅是它的一项附属功能。UV镜能减弱因紫外线引起的蓝色调。同时对于数码相机来说，还可以排除紫外线对CCD的干扰，有助于提高清晰度和色彩的效果（图2.17）。

它的作用是：

① 吸收自然光中过多的紫外线和少量的蓝紫光线；

② 有助于提高透镜的成像质量；

③ 提高摄影作品中远景的清晰度；

④ 保护相机的镜头；

⑤ 调节摄影画面中空气的透视效果和照片的反差；

⑥ 调节摄影作品中的气氛。

图2.17　UV镜

图2.18 偏振镜

图2.19 闪光灯

图2.20 遮光罩

2.偏振镜

偏振镜也叫偏光镜，简称PL镜，是一种滤色镜。偏振镜的出色功用是能有选择地让某个方向振动的光线通过，在彩色和黑白摄影中常用来消除或减弱非金属表面的强反光，从而消除或减轻光斑（图2.18）。

它的作用是：

① 减少或消除金属或玻璃器皿表面的反光，使照片上的光斑得以改善或消除；

② 使蓝天变暗，白云突出；

③ 消除空气中的一些雾气，增加远景的清晰度，增强照片的透视感。

3.闪光灯

闪光灯的英文名为Flash Light。闪光灯也是加强曝光量的方式之一，尤其在昏暗的地方，打闪光灯有助于让景物更明亮（图2.19）。

它的作用是：

① 改变色温；

② 改善被摄体照明条件；

③ 反射用光，不破坏被摄体现场环境；

④ 添加眼神光；

⑤ 多灯组合，塑造被摄体形象；

⑥ 减小或加大反差；

⑦ 瞬间凝固被摄体；

⑧ 补充。

闪光灯在使用时应注意以下几点：

① 不随意拆卸闪光灯，如有损坏时应让专业人员进行修理；

② 在使用前反复看说明书，以保证正确的使用方法；

③ 不让闪光灯放在潮湿的地方，以免受潮损坏灯体内部部件；

④ 如果长时间不使用闪光灯，要将灯内的电池取下，以免长时间放置于机身内，电池露液使闪光灯内部腐蚀受损；

⑤ 闪光灯如长时间不用，重新使用时可先试闪几次，确保在性能恢复正常的情况下使用；

⑥ 注意不同型号的闪光灯要与同类型的相机配合使用。

4.遮光罩

遮光罩是安装在摄影镜头、数码相机以及摄像机前端，遮挡有害光的装置，也是最常用的摄影附件之一。遮光罩有金属、硬塑、软胶等多种材质。大多数135镜头都标配遮光罩，有些镜头则需要另外购买。不同镜头用的遮光罩型号是不同的，并且不能互换使用。遮光罩对于可见光镜头来说是一个不可缺少的附件（图2.20）。

它的作用是：防止漫射光、逆光、侧逆光和其他一些杂乱的光线进入镜头内部造成眩光和光晕，从而导致成像时产生灰雾，严重影响摄影画面的用光效果。

5.三脚架

三脚架的作用无论是对于业余用户还是专业用户都不可忽视的，它的主要作用就是能稳定照相机，以达到某些摄影效果。最常见的是长曝光中使用的三脚架，用户如果要拍摄夜景或者带涌动轨迹的图片的时候，曝光时间需要加大，这个时候，数码相机不能抖动，则需要三脚架的帮助。利用三脚架还可以进行多次曝光、翻拍或自拍等（图2.21）。

使用三脚架须知：使用三脚架时，三脚架站立不稳会影响摄影操作，不但浪费时间，而且更会错失不少拍摄良机。

虽然各种三脚架的稳固程度都不尽相同（通常是三脚架站得愈稳，携带愈难），但是，只要按照下列要求去做，就很容易稳住三脚架。

① 尽量不要拉长中央轴；先把三条腿拉长。

② 最后将伸缩腿最细的部分拉长，调校至需要的高度（这部分往往位于脚架的末端）。

③ 把腿拉开，直拉至末端，然后将支柱锁在适当位置。

④ 找一处平坦的地面放置三脚架，配上合适的脚尖，如果地面凹凸不平，不妨拉长或者缩短其中一条腿，以保持三脚架的水平位置。

⑤ 把所有的把手和锁上紧。别忘记旋紧脚头上的锁，尤其是万向云台和把手。

图2.21　三脚架

最后一点要留心的是平日折叠三脚架之时，得习惯把尖利的脚尖也一并缩进去。有些脚尖锋利得很，随时会刺破衣服和皮肤。

⑥ 切勿用一个承托普通35mm相机的三脚架来承托重型相机。

⑦ 在地板上摆放三脚架时，务求把尖利的脚尖旋开卸下，不要怕麻烦。

⑧ 当相机已安装在三脚架上，或者其他支撑物上面时，谨记要用快门绳。

⑨ 按快门时不要同时用手握着三脚架，这样只会令相机晃动得更厉害。

⑩ 要是使用长镜头，或者拍摄的地方风势很大，可以把重物（如相机壳）悬挂在三脚架的中央轴下面，这样做能够使三脚架站得更稳一点儿。

⑪ 连接相机和三脚架时，不要将螺丝旋得太紧，否则会把相机和三脚架一并弄坏。

························· 思考与练习 ·················

1. 在购买数码相机时应注意哪几点？

2. 正确使用三脚架注意事项有哪些？

第三章 数码相机镜头的种类及特性

本章知识点

　　主要讲授数码相机的镜头以及镜头的光学性能，包括焦距、视场角、相对孔径，不同焦距镜头的特性，不同的焦距也会给最终的照片带来各具特色的成像特征，这可以影响整张照片的构图，从而控制和影响观赏者对照片的认知。了解镜头的种类以及变焦镜头的主要特点。

学习目标

　　了解摄影镜头的结构主要由镜头筒、透镜组、光圈，对焦环、变焦调节装置、快门、自动对焦电动机等组成，镜头的光学性能，焦距的特性（焦距导致的画面视角和纵深感的不同，焦距不同拍进画面的范围也不同）。了解不同镜头的种类，变焦镜头的主要特点，从而更好地运用到实践中。

第一节　镜头的光学性能

一、数码相机的镜头

摄影镜头的结构主要由镜头筒、透镜组、光圈，对焦调节装置、变焦调节装置、快门、自动对焦电动机等组成。

镜头筒是安装镜头组、光圈、对焦调节装置、变焦调节装置、快门、自动对焦电动机等的筒体，前端有安装滤光镜或遮光罩的螺口，后端有与照相机相接的卡头，有的镜头筒是固定在相机上不可卸下的。

透镜组为现代摄影镜头，都是由多片、多组加膜镜片组成的凹凸复合镜头组，它是照相机结成光学影像最关键的部分，透镜组片数与组数的多少，决定着镜头的性质和质量的优劣。

光圈安装在镜头内透镜组的中间，由多片金属薄叶组成光圈调节装置控制薄叶组成，光圈调节装置控制薄叶均匀地灵活运作。光圈大小的调节有转动镜头筒上的光圈系数刻度和调节机身上的光圈系数转轮两种方式。光圈在镜头中的功能是以不同的孔径来控制镜头的光通量。所起作用有以下几点：一是调节和控制镜头的光通量，使照相机内的感光材料获得正确的曝光。二是控制景深，当需要大景深时，可缩小光圈；需要小景深时，可用大光圈拍摄。三是减少像差，缩小光圈就能适当地减少镜头中残存的某些像差，但在拍摄时也不可缩得过小，以防止出现衍射现象。

二、镜头的光学特性

镜头的光学特性是指由其光学结构所形成的物理性能，由焦距、视场角和相对孔径三个因素组成。

1.焦距

摄影镜头都可被看成为一块中间厚、边缘薄的凸透镜，光线穿过透镜会聚成焦点，焦点至镜头中心的距离即为该镜头的焦距，焦距的单位是毫米（mm）。镜头焦距的长短与被摄对象在相机成像面上的成像面积成正比。如果在同一距离上对同一被摄对象进行拍摄，镜头焦距愈长，那么成像面积越大，放大倍率越高；反之，镜头焦距愈短，则成像面积越小，放大倍率越低。

2.视场角

镜头的视场角，是指相机有效成像平面（视场）边缘与镜头后节点所形成的夹角。从造型角度上讲，镜头视场角反映了相机记录景物范围的开阔程度，镜头视场角分为水平视场角和垂直视场角，镜头视场角与被摄对象在画面中的成像效果成反比。视场角愈大，被摄主体成像越小，画面景物越开阔；反之，视场角愈小，被摄主体成像越大，画面景物的视野越狭窄。

视场角主要受镜头成像尺寸和镜头焦距这两个因素制约。由于CCD成像面积在实际拍摄中是不变的，所以直接影响视场角的因素就是镜头焦距。拍摄时经常通过变换镜头焦距来改变视场角即拍摄范围的大小。

3.相对孔径

镜头的相对孔径是指镜头的入射光孔直径（D）与焦距（f）之比，其大小说明镜头接纳光线的多少。相对孔径是决定镜头透光能力和鉴别力的重要因素。

相对孔径（D/f）的倒数（f/D）被称为光圈系数（F），被标刻在镜头的光圈环上。摄像机的镜头光圈系数分为若干档，常见的有1.4、2、2.8、4、5.6、8、11、12、16、22等。

第二节　不同焦距镜头的特性

除了立足点和相机位置的选择，镜头的选择也对最终的图像区域有着至关重要的作用，因为不同的镜头可以产生不同的视场角。另外，不同的焦距也会给最终的照片带来各具特色的成像特征，这可以影响整张照片的构图，从而控制和影响观赏者对照片的认知。

拍摄每个场景都有专门的镜头。例如拍摄动物时，要和它们保持一段警戒距离，以防吓走它们。这时就要选用长焦镜头，因为即使隔着较远的距离也能清晰地捕捉到动物的身影。

焦距导致画面视角和纵深感的不同，焦距不同拍进画面的范围也不同。

1.标准镜头

标准镜头是指焦距长度和所摄画幅的对角线长度大致相等的摄影镜头，通常是指焦距在40 ~ 55mm之间的摄影镜头，标准镜头所表现的景物的透视与目视比较接近。它是所有镜头中最基本的一种摄影镜头（图3.1）。

用标准镜头拍摄的照片由于与人的视野相符，所以看起来会让人觉得熟悉、协调、客观、真实且值得信赖。这样的照片不依赖于技术上的小手段和主观的视角，而是会传达一种真实的、有凭有据的感觉。因此，标准镜头尤其适用于（一般类型的）新闻摄影和一切记录形式的摄影。

作为入门镜头或者有意的技术限制，标准镜头把人们约束在了熟悉的视野中，这样一来照片的其他方面就会更加突出，其中包括技术的集中控制、安静的构图、图像内容的创造性布置。一些人会错误地认为用标准镜头拍摄的照片"很无聊"，其实不然，在观看主题时，它能提供一种清晰的、纯真的视角（图3.2）。然而有一个非常流行的主题不能用标准镜头拍摄，即近距离对人物脸部的特写。因为面对这个主题，我们在现实中通常会非常关注人物的眼睛——我们对人物脸部的感知方式与相机的不同。但是在用标准镜头拍摄的这种照片中，人物的脸部比例往往会失真——显得又平又宽，很不好看。

2.长焦镜头

长焦镜头是指焦距长于标准尺寸的摄影物镜（图3.3）。长焦镜头在使用时，一般都是用来拍摄较远的景物。由于空气的吸收及漫散射光线的影响，所以，拍摄的影像反差较小，加之尘粒消光较严重，要达到十分精确的调焦是不容易的。使用300mm以上的超远摄镜头拍摄，还难以将各色光聚于一点，因而产生副光谱问题。基于上述情况，所以，有时所拍摄的作品的成像质量不高。

长焦镜头可以产生平面的图像效果，它在视觉上拉近了各个单独的图像层面。虽然这些单独的图像层面之间存在着距离，但是观赏者会感觉它们之间离得很近（图3.4）。

图3.1 标准镜头

图3.3 长焦镜头

图3.2 标准镜头拍摄效果

长焦镜头可以形成非常小的景深区域，这一区域只能延伸到主题前后很短的距离。在人像摄影中经常会用长焦距来清晰地呈现人物及其穿着的服装，同时将其他内容模糊地呈现出来。通过有针对性地选择景深，可以将主题置于非常平静的背景中。

在构图方面，较小的视场角会加强照片的平面感，因为图像元素之间的距离被缩短了，因此它们从视觉上就好像聚集在了一起。照片看起来会更加醒目、更具图形化，对某些主题来说也更抽象化，而没有真实的、三维的效果。长焦镜头在拍摄景物时往往会发生枕状变形，也就是说，尤其是在焦距很长的情况下，靠近图像边缘的平行线会向内弯曲。由于这种效果在较短的长焦镜头中不太明显，所以轻微的"变瘦"对人像摄影来说是一个理想的选择。至于清晰度，长焦距可以形成较小的景深，这样一来主要的图像元素就会与周围的环境形成鲜明对比，并以更普遍的方式表现出来。同时照片中也会出现特色非常不明显的背景。对于距离非常遥远的主题，这一效果会完全消失，相比之下景深会比较大，这对风景摄影和建筑摄影比较适用。比如几座建筑物，尽管它们之间相距几百米远，最终的成像却都很清晰，那么它们在图像中看起来就像是处于一个平面中。

长焦镜头的一个特殊形式就是所谓的反射镜头，它能将很长的焦距集中于一个紧凑的结构中，它在构图上主要通过圆形的干扰性散景来引人注目。

3. 广角与超广角镜头

广角镜头的特点是，焦距短、视角广、景深长，而且均大于标准镜头；其视角超过人们眼睛的正常范围（图3.5）。凡视角在70°～90°左右的镜头，即为广角镜头；其视角100°左右的，即称为超广角镜头。这类镜头最大的优点为在较近距离内拍摄较大的场景。它具体的特性与用途表现在：焦距短，有利于把纵浓度大的被摄物清晰地表现在画面上；视角大，有利于在狭窄的环境中，拍摄较广阔的场面；景深长，可使纵深景物的近大远小比例强烈，使画面透视感强。其缺点是，影像畸变差较大，尤其在画面的边缘部分，因此在近距离拍摄中应注意变形失真。

照片前景中强烈的变形非常明显。每个人都知道井盖的形状是圆的，并且知道倾斜地看它时它会变成什么样。然而照片中的成像与人们所熟悉的图像并不符，扭曲的成像以及图像元素不同的成像尺寸都是通过广角镜头实现的。广角镜头可以使照片中的空间具有清晰的层次，由此突出照片的立体效果。前景中的图像元素被塑造得非常大，中景元素较小，背景则非常小（图3.6）。

4. 远摄与超远摄镜头

它具有类似望远镜的作用。这类镜头的焦距长于标准镜头，视角小于标准镜头。如135相机，焦距在200mm左右，视角在12°左右称为远摄镜头，焦距在300mm以上，视角在

图3.4 长焦镜头拍摄效果

图3.5 广角镜头

图3.6 广角镜头拍摄效果

8°以下称为超远摄镜头。这类镜头具有的特点表现在：景深小，有利于摄取虚实结合的形象；视角小，能远距离摄取景物的较大影像，对拍摄不易接近的物体，如动物、风光、人的自然神态，均能在远处不被干扰的情况下拍摄；透视关系被大大压缩，使近大远小的比例缩小，使画面上的前后景物十分紧凑，画面的纵深感从而也缩短；影像畸变差小，这在人像中尤为见长。

5.鱼眼镜头与反射式镜头

鱼眼镜头是一种极端的超广角镜头。对135相机来说是指焦距在16mm以下、视角在180°左右，因其巨大的视角如鱼眼而得名（图3.7）。它拍摄范围大，可使景物的透视感得到极大的夸张。它使画面产生严重的桶形畸变，故别有一番情趣。

反射式镜头是一种超远摄镜头，外观短而胖，比相同焦距的远摄镜头短一半，重量轻，使用灵活方便。它的缺点是只有一档光圈，故对景深控制不利。

鱼眼镜头的成像特征使其可以塑造出不自然的失真照片，并使照片具有高度的立体感。喜欢这类照片的人并不期望能从照片中看到现实，他们期望的是一种艺术性的、类似于漫画般的夸张描绘（图3.8、图3.9）。

6.变焦镜头

变焦是镜头可以改变焦点距离的镜头。焦距决定着被摄体在胶片上所形成的影像的大小。焦点距离愈大，所形成的影像愈大。变焦镜头是一种很有魅力的镜头。它的镜头焦距可在较大的幅度内自由调节，这就意味着拍摄者在不改变拍摄距离的情况下，能够在较大幅度内调节成像比例，

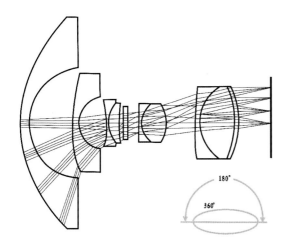

图3.7 鱼眼镜头原理

图3.8 鱼眼镜头拍摄效果1

图3.9 鱼眼镜头拍摄效果2

也就是说，一只变焦镜头实际上起到了若干只不同焦距的定焦镜头的作用。世界上第一只用于摄影的变焦镜头是1959年问世的，焦距变化为36～92mm，用于135相机。现代变焦镜头的种类已越来越多，成像质量也越来越高，日益备受摄影者青睐（图3.10）。

现代变焦镜头的种类繁多，总体来说有自动变焦和手动变焦两大类。前者用于自动聚焦相机，后者用于手动聚焦相机。无论自动变焦或手动变焦，从广角变焦镜头直至远摄变焦镜头应有尽有。

7.微距镜头

微距镜头是一种用作微距摄影的特殊镜头，主要用于拍摄十分细微的物体，如花卉及昆虫等。为了对距离极近的被摄物也能正确对焦，微距镜头通常被设计为能够拉伸得更长，以使光学中心尽可能远离感光元件，同时在镜片组的设计上，也必须注重于近距离下的变形与色差等的控制。大多数微距镜头的焦距都大于标准镜头，可以被归类为望远镜头，但是在光学设计上可能是不如一般的望远镜头的，因此并非完全适用于一般的摄影（图3.11）。

微距镜头的运用可以极大地缩短相机与主题之间的距离，这与焦距无关，因为镜头内的光学结构扩大了其物距范围，从而极大地缩小了镜头的最近对焦距离。由于相机与拍摄物体之间的距离较近，所以成像比例得以扩大，非常小的主题也可以占满整个画面。这为摄影者和观赏者开辟了一个全新的世界，使照片尤其引人注目。图像中会有平时用肉眼感知不到的图像区域（因为在距离物体太近的情况下就无法将其看清楚），这也同样刺激并吸引着观赏者。

此外，较短的距离还能产生特别浅的景深区域，这一区域只会突出一个非常紧凑的图像平面，并能将观赏者的视线吸引至此。在焦平面前面或后面几毫米的地方就会变得（极其）模糊，清晰的图像元素周围的背景会突然模糊，变成一个抽象的、无形的、彩色的平面。

能够接近极小的元素，让微小的细节从整体中完全脱离，并且实现抽象的清晰度分配，这些都使微距照片具有人工的、艺术性的效果，从而使它们在内容上、形式上和技术上都能引起许多注意。相比于其他照片，颜色和结构等构图效果在微距照片中明显起到了更重要的作用。

　　在技术允许的情况下，经过放大以后，即使是非常普通或者不是很受欢迎的主题或内容也能很吸引人（图3.12）。

8.移轴镜头

　　一般拍摄建筑物是站在地上，为了拍到全貌，相机要稍微向上仰。由于建筑物下部较近上部较远，会拍出"下大上小"的汇聚效果。镜头本身是没有变形的，产生这种现象的原因是因为透视关系。纠正办法：相机正对着建筑物拍摄。这时可能镜头视角不足，需要换更广角的镜头。对于35mm相机，等效方法是用同样焦距但视角更大的镜头，正对目标拍摄，将胶片移到剪取时要保留的位置（实际是将镜头向相反方向平移）。这种镜头就是"移轴镜头"。

　　具有移轴功能的镜头常常被用于建筑摄影中，它能消除图像中的聚合线。这样图像看起来就会显得真实、客观、整齐，但同时也会非常不自然，因为人们对现实中以及大多数照片中的聚合线非常熟悉，因此这样的照片更适合用于新闻报道或是文件记录。当然，通过移轴效果也可以使聚合线的作用加强，由此产生非常动态、激动人心、生动、主观的效果，有时也会产生混沌的效

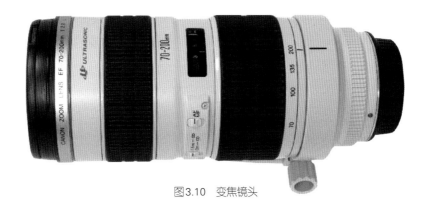

图3.10　变焦镜头

图3.11　微距镜头

图3.12　微距镜头拍摄效果

果，聚合线的普通特性由此被极端强化。镜头的水平移动也能开辟一个创造性的大空间，尤其当拍摄反光的主题（如镜子）并且不想让自己出现在画面中时。

这类照片中的焦平面不再像往常一样平行于传感器平面，人们常常会在第二次或第三次看时才能察觉到这种技术上的怪异。但是在察觉到这一点之前，观赏者会更深入地研究照片，因为他们觉得其中有些东西是不对的。

移轴功能可以使焦平面发生移动，这能够导致极大的混乱，因为这种情况人们在现实中见不到，而且在照片中也不常见，正因如此这类照片才可以引发观赏者更多的关注。移轴摄影具有人为加工的特点，在左右倾斜镜头时它可以产生空间感，而在上下倾斜镜头时它会将视线集中于一个清晰的点或者线上。即使以不寻常的方式，任何情况下这一效果都可以清晰地引导观赏者的视线。在这里请注意一点，不要只是简单地运用这一效果，还应将焦平面合理并符合主题地定位于空间中。

通过移轴效果塑造的照片令人们想起缩微世界，因为人们主要是在使用皮腔的微距摄影和商品摄影中见过这些照片。这样的照片可以使人的视线停留在画面中，观赏者完全被这种表现不寻常的细节吸引了。

第三节 变焦镜头的特点

变焦镜头是在一定范围内可以变换焦距，从而得到不同宽窄的视场角、不同大小的影像和不同景物范围的照相机镜头。变焦镜头在不改变拍摄距离的情况下，可以通过变动焦距来改变拍摄范围，因此非常有利于画面构图。由于一个变焦镜头可以兼担当起若干个定焦镜头的作用，外出旅游时不仅减少了携带摄影器材的数量，也节省了更换镜头的时间（图3.13、图3.14）。

变焦镜头最大的特点，或者说它最大的价值，还是在于它实现了镜头焦距可按摄影者意愿变

图3.13 变焦镜头效果1   图3.14 变焦镜头效果2

换的功能。与定焦镜头不同，变焦镜头并不是依靠快速更换镜头来实现镜头焦距变换的，而是通过推拉或旋转镜头的变焦环来实现镜头焦距变换的，在镜头变焦范围内，焦距可无级变换，即变焦范围内的任何焦距都能用来摄影，这就为实现构图的多样化创造了条件。变焦镜头自身的任何一级焦距与别的相同焦距的定焦镜头功能是一样的。但变焦镜头不限制摄影者使用哪一级焦距，因而在使用操作上要便利灵活得多。它省却了外出拍摄时需携带和更换多只不同焦距镜头的麻烦。甚至在临按相机快门前，摄影者还能通过变换镜头焦距对被摄体进行取舍，对画面进行剪裁，以期在拍摄前把画面构图安排得更为理想。变焦镜头变换焦距的快捷程度，是定焦镜头通过更换镜头变换焦距无法相比的。35mm自动袖珍相机或部分35mm单镜头反光相机的变焦镜头还采用了电动变焦模式，电动变焦不仅仅是省力和便捷，更重要的是实现了均速变焦，这为摄影者通过焦距的细微变化剪裁画面、确定构图十分有利。变焦镜头通过在相机快门开启的瞬间变焦，还能进行"爆炸效果"。有的相机还依靠自动控制变焦镜头的焦距变换实现自动构图功能。最新颖的35mm单镜头反光相机，还设置了自动记忆镜头焦距的功能，这一功能可允许摄影者设定相机记忆一种或数种使用频率较高的镜头焦距，随时能再将镜头焦距变换至先前记忆的焦距上来。

　　当然，相对定焦镜头而言，变焦镜头的结构比较复杂，分量较重。非名牌的变焦镜头，成像质量肯定逊于相应的定焦镜头。

　　变焦镜头的日常操作是调光圈和变、聚焦，但为了保证变焦镜头正常工作，后焦距的调节、倍率镜以及超近摄镜的使用、中性滤色片的使用技巧和光圈跟踪的调节就很重要。

　　使用变焦镜头进行聚焦时，最好考虑首先将影像调至最大处进行聚焦；也就是说，使用镜头的最长焦距端聚焦。然后，再把焦距变小到拍摄时所期望的焦距上。在此过程中，所有焦距上的影像始终保持清晰。运用这种技术，由于是在尽可能最大的影像下聚焦，所以能够更容易地观察到影像细节是否清晰，因此也是最为精确的聚焦方法。

　　注意，有些变焦镜头需要转动两个单独的控制环，一个环控制聚焦，另一个环控制焦距。这种结构布局的优点是一旦完成了聚焦，不会因调整焦距而意外地改变了焦点。

　　其他的变焦镜头只需要移动一个控制环，转动它进行聚焦，前后滑动它即可改变焦距。这种"单环"变焦镜头对于操作来讲往往更快捷和更方便，但通常也更贵一些。需要注意，改变焦距时，不要失去清晰的焦点。

思考与练习

1. 数码相机镜头的种类有哪些？
2. 变焦镜头的特点是什么？

第四章 数字摄影构图

本章知识点

　　主要讲授数字摄影景别、拍摄方向、拍摄角度及构图的原则，各种拍摄的方式对摄影画面创作的重要作用。

学习目标

　　了解数字摄影的景别及其划分，三种拍摄方向的不同特征，三种拍摄角度的方法，十种形式美的构图形式及线性构图结构的分类。

第一节 景别

一、景别的定义

景别是指由于相机与被摄体的距离不同或者相机镜头的焦距不同，而形成被摄体在画面中所呈现出的范围大小的区别。为了适应人们在观察某种事物或现象时心理上、视觉上的需要，可以随时改变与被摄体的距离或不同焦距的镜头，产生不同景别。犹如人们在实际生活中，常常根据当时心理需要或趋身近看，或翘首远望，或宏观把控整个场面，或凝视事物主体乃至某个局部特写。这样，映现于画面中的形象，就会发生或大或小的变化。景别的确定是拍摄者创作构思的重要组成部分，景别运用是否恰当，取决于拍摄者的主题是否明确，思路是否清晰，以及对景物各部分的表现力的理解是否深刻。

二、景别的划分

根据拍摄者不同的艺术追求可将景别具体划分为大全景、全景、中景、近景、特写、大特写六种（图4.1）。

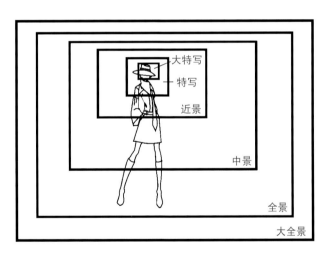

图4.1 景别

1.大全景（远景）

大全景一般用来表现远离摄影机的环境全貌，展示人物及其周围广阔的空间环境，以及自然景色和群众活动大场面的镜头画面。它相当于从较远的距离观看被摄主体。大全景画面视野宽广，能包容广阔的空间，被摄主体很小，背景占主要地位，画面给人以整体感，细部却不甚清晰。

大全景通常用于介绍环境，抒发情感。在拍摄外景时常常使用这样的镜头，可以有效地描绘雄伟的山谷、豪华的庄园、荒野的丛林，也可以描绘现代化的工业区或繁荣的商业区。

2. 全景

全景用来表现拍摄场景的全貌或人物的全身动作，在电视剧中用于表现人与人之间、人与环境之间的关系。全景画面，主要表现人物全身，活动范围较大。体型、服装、饰品、人物的身份交代得比较清楚，环境、道具看得明白，通常在拍内景时，作为摄像的总角度的景别。在电视剧、电视专题、电视新闻中全景镜头不可缺少，大多数节目的开端、结尾部分都用全景或远景。远景、全景又称交代镜头。因此，全景画面比远景更能够全面阐释人物与环境之间的密切关系，可以通过特定环境来表现特定人物，这在各类影视片中被广泛地应用。而对比远景画面，全景更能够展示出人物的行为动作、表情相貌，也可以从某种程度上来表现人物的内心活动。

全景画面中包含整个人物形貌，既不像远景那样由于细节过小而不能很好地进行观察，又不会像中景、近景画面那样不能展示人物全身的形态动作。它制约着这一场戏或一系列照片中的所有的分切镜头的光线、影调、色调以及被摄对象的方向和位置。在叙事、抒情和阐述人物与环境的关系的功能上，起到了独特的作用。

3. 中景

画框下边卡在膝盖以上部位或场景局部的画面称为中景画面。但一般不正好卡在膝盖部位，因为卡在关节部位是摄像构图中所忌讳的。比如脖子、腰关节、腿关节、手环节、脚关节等。中景和全景相比，包容景物的范围有所缩小，环境处于次要地位，重点在于表现人物的上身动作。中景画面为叙事性的景别。因此中景在影视作品中所占的比重较大。处理中景画面要注意避免直线条式的死板构图、拍摄角度、人物姿势，避免构图单一死板。人物中景要注意掌握分寸，不能卡在腿的关节部位，但没有死框框，可根据内容、构图灵活掌握。

中景是叙事功能最强的一种景别。在包含对话、动作和情绪交流的场景中，利用中景景别可以最有利、最兼顾地表现人物之间、人物与周围环境之间的关系。中景的特点决定了它可以更好地表现人物的身份、动作以及动作的目的。表现多人时，可以清晰地表现人物之间的相互关系。

4. 近景

拍到成年人腰部以上，或物体的局部称为近景。近景的拍摄画面是近距离观察人物的体现，所以近景能清楚地看清人物细微动作，也是人物之间进行感情交流的景别。近景着重表现人物的面部表情、传达人物的内心世界，是刻画人物性格最有力的景别。电视节目中节目主持人与观众进行情绪交流也多用近景。这种景别适应于电视屏幕小的特点，在电视摄像中用得较多，因此有人说电视是近景和特写的艺术。近景产生的亲近感，往往使观众产生较深刻的印象。

由于近景人物面部看得十分清楚，会使人物面部缺陷在近景中得到突出表现。因此，在造型上要求细致，无论是化装、服装、饰品、道具都要十分逼真和生活化，不能让观众看出破绽。

在近景中，环境的表达退于次要地位，画面构图应尽量简练，避免杂乱的背景夺人视线，因此常用长焦镜头拍摄，利用小景深的特点虚化背景。人物近景画面用人物局部背影或道具做前景可增加画面的深度、层次和线条结构。近景人物一般只有一人作画面主体，其他人物往往作为陪体或前景处理。"结婚照"式的双主体画面，在电视剧、电影中是很少见的。

由于近景画面表现的范围较小，观察距离相对更近，人物和景物的尺寸足够大，细节比较清晰，所以非常有利于表现人物的面部或者其他部位的表情神态、细微动作以及景物的局部状态，这些是大景别画面所不具备的功能。尤其是相对于电影画面来讲，电视画面的尺寸狭小，很多在电影画面中大景别能够表现出来的比如深远辽阔、气势宏大的场面，在电视画面中不能够得到充分的表现，所以在各类电视节目中近景使用较多，观众对近景画面的观察更为细致，这样有利于在较小的电视屏幕上做到对观众更好的表达。

5.特写

成年人肩以上的头像，或被摄主体的细部称为特写。特写镜头被摄对象充满画面，比近景更加接近观众。特写镜头提示信息，营造悬念，能细微地表现人物面部表情、刻画人物、表现复杂的人物关系，它具有生活中不常见的特殊的视觉感受，给观众以很强的视觉冲击感受。主要用来描绘人物的内心活动，背景处于次要地位，甚至消失。演员通过面部把内心想法传给观众，特写镜头无论是人物或其他对象均能给观众以强烈的印象。在故事片、电视剧中，道具的特写往往蕴含着重要的戏剧因素。在一个蒙太奇段落和句子中，有强调加重的含义。正因为特写镜头具有强烈的视觉感受，因此特写镜头不能滥用。要用得恰到好处，用得精，才能起到画龙点睛的作用。滥用会使人厌烦，反而会削弱它的表现力。尤其是脸部大特写（只含五官）应该慎用。电视新闻摄像没有刻画人物的任务，一般不用人物的特写。在电视新闻中有的摄像经常从脸部特写拉出，或者是从一枚奖章、一朵鲜花、一盏灯具拉出，用得精可起强调作用，用得太多也会导致观众的视觉错乱。如果形成一个"套子"就更不高明了。

由于特写画面视角最小，视距最近，画面细节最突出，所以能够最好地表现对象的线条、质感、色彩等特征。特写画面把物体的局部放大开来，并且在画面中呈现这个单一的物体形态，所以使观众不得不把视觉集中，近距离仔细观察接受，有利于细致地对景物进行表现，也更易于被观众重视和接受。

尽管无论人物还是景物都是存在于环境之中的，但是在特写画面里，可以说几乎可以忽略环境因素的存在。由于特写画面视角小、景深小、景物成像尺寸大、细节突出，所以观众的视觉已经完全被画面的主体占据，这时候环境完全处于次要的、可以忽略的地位。所以观众不易观察出特写画面中对象所处的环境，因而可以利用这样的画面来转化场景和时空，避免不同场景直接连接在一起时产生的突兀感。

6.大特写

大特写仅仅在景框中包含人物面部的局部，或突出某一拍摄对象的局部，例如，眼、鼻、口等五官。例如，一个人的头部充满画面的镜头称为特写镜头，如果把摄影机推得更近，让演员的眼睛就充满画面的镜头就称为大特写镜头。大特写的作用和特写镜头是相同的，只不过在艺术效果上更加强烈。在一些惊悚片中比较常见。

第二节　拍摄方向

在摄影构图中，从照相机的取景器中观察、选择，最后确定的任一画面，实际上都是由拍摄方向、拍摄角度和拍摄距离所决定的。当然如果使用变焦镜头来拍摄，还取决于摄影者所采用的镜头焦距来决定，但主要是靠上述三个摄影要素所决定的。由于它们之间的巧妙配合，使得构图的画面变化多端，加之不同的用光使得画面精彩纷呈，给人带来了视觉上的美的享受。

第一个要素是拍摄方向。拍摄方向是指照相机与被摄体在照相机水平面上的相对位置，也就是平常所说的前、后、左、右的位置。在实际拍摄中通常称为正面拍摄、侧面拍摄、背面拍摄。

不同的拍摄方向具有各自不同的特征。

1. 正面拍摄

如果用正面拍摄建筑物，非常容易突出建筑物的庄重和对称性；但正面拍摄有时会显得比较平稳、呆板，缺少透视效果和视觉冲击，不利于表达出被摄体的立体感和空间感（图4.2）。

2. 侧面拍摄

侧面拍摄还可以分为正侧面（90°）和斜侧面。侧面拍摄，尤其是正侧面拍摄与正面拍摄的特点非常接近，既能表现被摄体正面的特征，也能表现出被摄体侧面部分的特征。正侧面用于拍摄人物面部轮廓和姿态，更容易展示出人物的侧面形象（图4.3）。如果拍摄两个人谈话交流的场面时就应该采用这个方向来拍摄，它能照顾周全，也不至于顾此失彼。用斜侧面拍摄景物时，更有利于表现出景物的立体感和空间感，同时能使被摄物体产生明显的透视变化，使画面富于变化。

3. 背面拍摄

背面拍摄即通常所说的正后方拍摄。用这个位置来拍摄往往被大家觉得有点不可思议。其实

图4.3　侧面拍摄（正侧面）

图4.2　正面拍摄

图4.4　背面拍摄

采用这个位置拍摄，有时会收到某种意想不到的效果，甚至真实感会更强烈，那就看拍什么了。比如拍人——它的表现手法或许更为复杂，能给人更大的空间想象感——往往它是形象语言的最佳表现形式（图4.4）。例如小学语文课本中表现朱自清父亲的背影用背面拍摄，寓意会更加深刻，传递的情感会更加细腻。

第三节　拍摄角度

在拍摄方向、拍摄距离不变的情况下，当拍摄点的高度不同时，所摄画面的主体、陪体和环境背景的关系也会发生很大的改变，因此也导致画面水平线的变化、前后景物可见度的变化和画面透视关系的变化。

所谓拍摄角度是指照相机是以被摄体为中心，镜头在水平方向上的不同方位的拍摄，从而可以分为平拍、仰拍和俯拍三种不同的拍摄角度。

选择不同的拍摄角度就是为了使被摄体最有特色、最美好的一面能反映出来。当然，不同的拍摄角度肯定会得到有时是截然不同的视觉效果。

通常情况下对上述三种拍摄角度可以简单地归纳出如下三点结论。

一是平拍在一般情况下画面给人真实的视觉感受。

二是仰拍在通常情况下画面能使拍摄主题更充满写意的意境。

三是俯拍在常规情况下画面均能较好地再现写实的场景。

各种角度的拍摄应该说各有千秋，它们各自的主要特点主要表现如下。

1.平拍

平拍是指照相机处于人眼的相同高度的拍摄方式，这时照相机与被摄体是处于同一水平线上，因此画面就显得比较平稳，如果不采用超广角镜头来拍摄，画面基本是不会出现严重的变形，所以人眼通常易于接受，它是最常规的一种拍摄方式。比如拍摄出来的建筑物、人像、树木、水中倒影等都非常对称，但它常被摄影者说成比较呆板（图4.5）。

2.仰拍

仰拍是指照相机处于低于被摄体中心点，也就是说照相机的镜头是由下往上拍摄主体。仰拍是比较有利于表现出被摄体的高大气势，能将向上伸展的景物表现在画面上。用低角度拍摄人物，可以采取蹲下去的姿势来拍摄。现在不少数码相机采用了翻转式液晶屏幕设计，为仰拍提供了非常好的便利条件。但在室外仰拍多数是以天空为背景，如果是拍摄人物，在这种情况下当以拍摄主体为测光点，因为背景可能出现大面积的亮色调，用照相机本身的自动测光系统拍摄出的人物要比实际中的偏暗，因此，通常应以适当增加曝光量为好（图4.6）。

3.俯拍

俯拍是指照相机处于高于被摄体中心点，也就是照相机的镜头是由上往下拍摄主体的。俯拍比较有利于表现地面景物的层次、空间、数量、地理位置等比较宏大的场面，也能比较好地增强被摄体的空间和立体效果。俯拍多用于拍摄大场面的风景，如河流、山川等，航拍就是最最典型的俯拍（图4.7）。

图4.6　仰拍

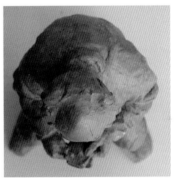

图4.5　平拍

图4.7　俯拍

第四节　数字影像构图原则

一、构图的基本知识

1.构图的概念

构图是指把画面中的各部分组成、结合、配置并加以整理出一个艺术性较高的画面。在艺术创作中，艺术家为了表现作品的主题思想和美感效果，在一定的空间，安排和处理人、物的关系和位置，把个别或局部的形象组成艺术的整体。在中国传统绘画中又称为"章法"或"布局"。这个术语中包含着一个基本而概括的意义，那就是把构成整体的那些部分统一起来，在有限的空间或平面上对作者所表现的形象进行组织，形成画面的特定结构，借以实现摄影者的表现意图。总之，构图就是指如何把人、景、物安排在画面当中以获得最佳布局的方法，是把形象结合起来的方法，是揭示形象的全部手段的总和。

构图还需讲究艺术技巧和表现手段，在我国传统艺术里叫"意匠"。意匠的精拙，直接关系到一幅作品意境的高低。构图属于竖立形体的重要一环，但必须建立在表达主题的基础上。一幅作品的构图，凝聚着作者的匠心与安排的技巧，体现着作者表现主题的意图与具体方法，因此，它是作者艺术水平的具体反映。概括地说，所谓构图，也就是艺术家利用视觉要素在画面上按着空间把它们组织起来的构成，是在形式美方面诉诸视觉的点、线、形态、用光、明暗、色彩的配合。

构图是表现作品内容的重要因素，是作品中全部摄影视觉艺术语言的组织方式，它使内容所构成的一定内部结构得到恰当的表现，只有内部结构和外部结构得到和谐统一，才能产生完美的构图。

2.构图的目的

每一个题材，不论它平淡还是宏伟、重大还是普通，都包含着视觉美点。当观察生活中的具体物象——人、树、房或花的时候，应该撇开它们的一般特征，而把它们看作是形态、线条、质地、明暗、颜色、用光和立体物的结合体。通过摄影者运用各种造型手段，在画面上生动、鲜明地表现出被摄物的形状、色彩、质感、立体感、动感和空间关系，使之符合人们的视觉规律，为观赏者所真切感受时，才能取得满意的视觉效果——视觉美点。也就是说，构图要具有审美性。正像罗丹所说的"美到处都有，对于我们的眼睛，不是缺少美，而是缺少发现美。"作为摄影者，不过是善于用眼睛观看大自然、用心体会美好生活，并把这种视觉感受移到画面上而已。

但构图不能成为目的本身，因为构图的基本任务，是尽最大可能阐明艺术家的构思。构图的目的是：把构思中典型化了的人或景物加以强调、突出，从而舍弃那些一般的、表面的、繁琐的、次要的东西，并恰当地安排陪体，选择环境，使作品比现实生活更高、更强烈、更完善、更集中、更典型、更理想，以增强艺术效果。总的来说，就是把一个人的思想情感传递给别人的艺术，这话真切地表达了构图的目的。

3.构图的性质

构图和设计可以通用，因为它们的含义是一样的。设计的精确概念和它的原始含义是构思，即艺术家为了明确而动人地表达自己的思想而适当安排各种视觉要素的那种构思。

构图不仅指具体操作，而且还意味着把整个形态作为与复杂的摄影规则相联系而描绘的对象，把自然物象引入到一个现实的境界，成为不同于自然的一个独立存在的世界。任何一幅优秀的摄影作品都是一个复杂的思想艺术的统一体。作品的复杂性是由生活的复杂性决定的。然而在画面处理上贴切自然、五彩缤纷、浑然天成，绝少斧凿痕迹，这是什么缘故呢？原在就在于摄影者在创作时，就像"工师之建宅"，经过一番选择提炼、筹划安排，组织结构上下了功夫，在"经营位置、置阵布势"中体现了摄影者对生活的理解和独具匠心。因此，在创作中一定要进行一系列的组织安排，巧思结构、精心布局，突出主要的方面，强调出本质的东西，并把作品的主题思想体现到鲜明的形象组织中去。

构图学就是要研究一切构图的结构形式和规律，研究构图结构的原理和原则，研究构图和各种思维形式的对应关系。构图学必须建筑在全部思维科学的基础上。

但构图是否反映了客观事物的规律，至今人们仍有各种不同的看法。有人认为"画无定法"，因为客观事物千变万化，情感思想内容更是纷纭复杂，所以谁也讲不出构图结构的规律。恩格斯说"自然界中的普遍性的形式就是规律"，因此可见，规律就是普遍性的形式。实践证明，构图结构是有一定的规律的，在中国画论中的"经营位置、布置、布局、结构、光色"等都是有关构图规律的精辟论述。

因此构图称为画面总要，所谓总要就是纲要、概要的意思，画面构图像写文章一样，做到有章有法、有主有次、相互呼应、虚实对比、藏露隐现、简繁适中、疏密无间等的构图规律，服从于主题表现的要求，同时又要取得整体形式感的完美和谐的统一，这也是构图最终的目的。

二、形式美的构图形式

1.九宫格构图

九宫格构图有的也称井字构图,实际上属于黄金分割式的一种形式,就是把画面平均分成九块,在中心块上四个角的点,用任意一点的位置来安排主体位置。实际上这几个点都符合"黄金分割定律",是最佳的位置,当然还应考虑平衡、对比等因素。这种构图能呈现变化与动感,画面富有活力。这四个点也有不同的视觉感应,上方两点动感比下方的强,左面比右面强。要注意的是视觉平衡问题(图4.8)。

2.十字形构图

十字形构图就是把画面分成四份,也就是通过画面中心画横竖两条线,中心交叉点是按放主体位置的,此种构图,使画面增加安全感、平稳感和庄重神秘感,也存在着呆板等不利因素(图4.9)。但适宜表现对称式构图,如表现古建筑题材,可产生中心透视效果。如神秘感的体现,可以主要表现在十字架、教堂等摄影中。所以说不同的题材选用不同的表现方法。

3.三角形构图

三角形构图,在画面中所表达的主体放在三角形中或影像本身形成三角形的态势,此构图是视觉感应方式,如有形态形成的也有阴影形成的三角形态,如果是自然形成的线形结构,这时可以把主体安排在三角形斜边中心位置上,以求有所突破。但只有在全景时使用,效果最好。三角形构图,产生稳定感,倒置则不稳定。可用于不同景别如近景人物、特写等摄影(图4.10)。

4.A字形构图

A字形构图是指在画面中,以A字形的形式来安排画面的结构。A字形构图具有极强的稳定感,具有向上的冲击力和强劲的视觉引导力。可表现高大自然物体及自身所存在的这种形态,如果把表现对象放在A字顶端汇合处,此时是强制式的视觉引导,不想注意这个点都不行。在A字形构图中不同倾斜角度的变化,可产生画面不同的动感效果,而且形式新颖、主体指向鲜明。但也是较难掌握的一种方法,需要经验积累(图4.11)。

5.S字形构图

S字形构图在构图中也是比较常见的。在画面中优美感得到了充分的发挥,这首先体现在曲线的美感。S字形构图动感效果强,即动且稳。可通用于各种幅面的画面,这就根据题材的对象来选择。表现题材,远景俯拍效果最佳,如山川、河流、地域等自然的起伏变化,也可表现众多的人体、动物、物体的曲线排列变化以及各种自然、人工所形成的形态。S字形构图一般情况下,都是从画面的左下角向右上角延伸(图4.12)。

6.V字形构图

V字形构图是最富有变化的一种构图方法,其主要变化是在方向上的安排或倒

线为黄金分割线

点为黄金分割点

图4.8 九宫格构图

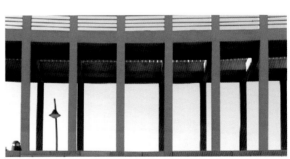

图4.9 十字形构图

图4.10　三角形构图

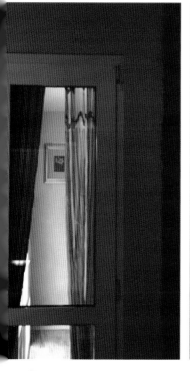

图4.11　A字形构图　　　　　　　　　　图4.12　S字形构图　　　　　　　　　　图4.13　V字形构图

放、横放，但不管怎么放其交合点必须是向心的。V字形的双用，能使单用的性质发生根本的改变。单用时画面不稳定的因素极大，双用时不但具有了向心力，且稳定感得到了满足。正V字形构图一般用在前景中，作为前景的框式结构来突出主体（图4.13）。

7. C字形构图

C字形构图既具有曲线美的特点又能产生变异的视觉焦点，画面简捷明了。然而在安排主体对象时，必须安排在C字形的缺口处，使人的视觉随着弧线推移到主体对象。C字形构图可在方向上任意调整，一般情况下，多在工业题材、建筑题材上使用（图4.14）。

8. W字形构图

W字形构图，具有极好的稳定性，非常适合人物的近景拍摄。其在背景及前景的处理中，能得到很好的发挥，运用此种构图，要寻求细小的变化及视觉的感应。

9. 圆形构图

圆形构图是把主体安排在圆心中所形成的视觉中心。圆形构图可分外圆构图与内圆构图，外圆是自然形态的实体结构，内圆是空心结构如管道、钢管等。外圆构图是在（一般都是比较大的、组的）实心圆物体形态上的构图，主要是利用主体安排在圆形中的变异效果来体现表现形式的。内圆构图，产生的视觉透视效果是震撼的，视点安排可在画面的正中心形成构图结构，也可偏离正中心的方位，如左右上角，产生动感，下方产生的动感小但稳定感增强了。

内圆叠加形式的组合，可产生多圆连环的光影透视效果，是激动人心的。如再配合规律曲线，所产生的效果就更强烈（图4.15）。

10. 框式构图

框式构图一般多应用在前景构图中，如利用门、窗、山洞口、其他框架等作前景，来表达主体，阐明环境。这种构图符合人的视觉经验，使人感觉到透过门和窗，来观看影像。产生现实的空间感和透视效果是强烈的（图4.16）。

三、形式美线性构图结构

线性构图在摄影中是经常使用的重要方法之一。"线"是客观存在的视觉现象，又是构图的基本视觉要素，它在构图中可以分割画面，制造面积，产生节奏，表达多种象征性功能。线的性格表现为：粗线强劲，细线纤弱；曲线柔情，直线刚直；浓线重，淡线轻；实线静，虚线动。如，垂直的线条，它象征的是坚强、庄严、有力；横线象征着宁静、宽广、博大；斜线象征着动态和不安定的感觉；曲线则象征着柔美、浪漫、优雅，会给人一种非常美的感觉。

1. 横线构图

利用横线构图能使画面产生宁静、平稳、宽广的意境。但单一的横线容易将一完整画面分割为二。实际上，在摄影中常出现横线，如海平面。因此在摄影构图中忌讳将海平面放在画面的中心。一般情况下，可进行上移或下移来躲开中心位置。也可在完整的横线上加上一点或一个块面将整个画面"破一破"。例如，海平线上会出现行驶的船只，这样整个构图就不会给人一种一分为二的感觉（图4.17）。

2. 竖线构图

相对于横线构图而言，竖线构图更富于变化。在单一的竖线出现在画面中时，它也同横线构图一样存在分割画面的弊端。但多线出现时，尤其在建筑摄影中，会形成一种强烈的透视感，使画面产生不一样的效果（图4.18）。

3. 曲线构图

平时所称的曲线构图分为两种：规则曲线构图、不规则曲线构图。曲线本身给人们一种柔美、浪漫、优雅的感觉，因此在摄影中，曲线构图的应用非常广泛。例如人体摄影中，表现肢体的曲线之美；又如拍摄蔬

图4.14　C字形构图

图4.15　圆形构图

菜、瓜果的轮廓与内部结构，也体现一种特殊的曲线美。代表作如爱德华·韦斯顿《青椒》。

4. 对角线构图

对角线构图又称为斜侧面构图，通常是指直接把主体放在对角线上，或者是利用近大远小的错觉，让拍摄对象变成斜线而安放在对角线上。这种结构多变，且富于动感，使所表现的画面活泼、自然，透视感强，能吸引人们的视线，起到强化拍摄主体的作用（图4.19）。

5. 不规则构图

不规则一词给拍摄者的首要印象是不好把控。如果控制不好，画面会杂乱无章。但正因为此，这种抽象、神秘之中往往存在视觉的指引性，如果运用得当，往往会产生奇特的效果。例如杂乱的背景之下放入简捷的主体，只要位置恰如其分，强烈的对比会使画面呈现一种神秘的力量（图4.20）。

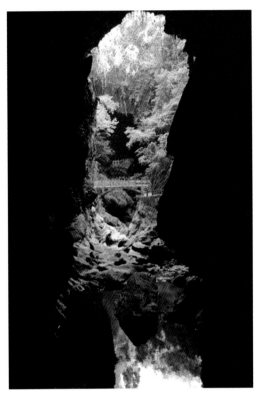

图4.16　框式构图

图4.17　横线构图

图4.18　竖线构图

图4.19　对角线构图

图4.20　不规则构图

思考与练习

1.景别是如何划分的?

2.什么是构图及构图的原则?

3.线性构图给画面带来怎样的艺术效果?

第五章　数字摄影光线与照明

本章知识点

　　主要讲授光的概念与性质，摄影用光的六大基本因素，数字摄影布光法则，影调与色调在数字摄影中的应用，黑白照片与彩色照片的基本特点介绍，黑白照片的影调与调式，彩色照片的色彩基调与色彩概念。

学习目标

　　了解光的概念，深刻理解什么是光，了解摄影用光的六大基本因素是光度、光位、光质、光型、光比和光色。摄影布光法则主要为真实感与美感，通过了解学习黑白照片与彩色照片的基本概念与特点。从而在今后的拍摄中打下基础。

第一节　光线的种类

一、光的概念与性质

摄影离不开光。摄影用光有两个基本目的：一是为了满足曝光的需要而提供足够的照明；二是为了控制被摄体再现的效果。光给人的感觉具有较重要的表达性。有些光是硬的、刺目的、聚集的、直接的；有些光是软的、柔和的、散射的、间接的。在摄影中，光能影响被摄体再现的形状、影调、色彩、空间感以及美感、真实感。光也能强化或削弱甚至消除被摄体某些方面的表现。对于光的基本概念包含以下三点。

（1）光是什么

光是一种辐射线，确切地说，是能够引起视觉的电磁波，其波长范围在380 ～ 780nm之间。

（2）光传播的特点

光在传播中遇到物体时，由于物体的性质不同，会对光产生反射、透射、折射及吸收等现象，这些现象对摄影的光线造型有着非常重要的作用。

（3）色温的概念

当实际光源的光谱成分与"完全辐射体"（既不反射也不透射，能全部吸收它表面的辐射的黑体）在某一温度时的光谱成分一致时，就用"完全辐射体"的绝对温度表示实际的光谱成分。

光的性质是由光源的面积决定的，面积不同，有直射光和散射光之分。

直射光（俗称硬光）是指由点光源发出的强烈光线，方向性明确，其造型特点是：被摄体有明显的受光面、背光面和投影，这构成了被摄体的立体形态；直射光照明的被摄体受光面与背光面之间有较大的亮度间距，即较大反差，造成强烈的明暗对比造型效果，这种效果使被摄体形成清晰的轮廓形态。但如果亮度间距过大，将使被摄体的亮部或暗部细节受损。

散射光（俗称软光）是指由面光源发出的具有漫反射性质的柔和光线，方向性不明确，其造型特点与直射光相反。由于散射光照明缺乏明暗反差，影调平淡，对被摄体的立体感、质感表现也较弱，要对其表现，需靠其自身的色彩和影调对比来完成。

二、摄影用光的六大基本因素

摄影用光的六大基本因素是光度、光位、光质、光型、光比和光色。

1.光度

光度是光源发光强度和光线在物体表面的照度以及物体表面呈现的亮度的总称（光源发光强度和照射距离影响照度；照度大小和物体表面色泽影响亮度），在摄影中，光度与曝光直接相关。从构图上来说，曝光与影调或色彩的再现效果密切相关。丰富的影调和准确的色彩再现是以准确

图5.1　正面光1

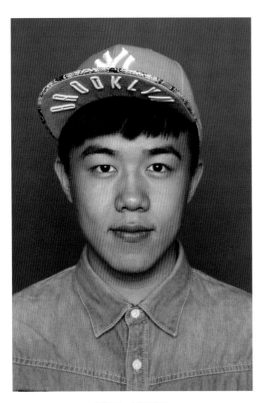

图5.2　正面光2

曝光为前提的。有意识的曝光过度与不足也需以准确曝光为基础。所以，掌握光度与准确曝光的基本功，才能主动地控制被摄体的影调、色彩以及反差效果。

2.光位

光位是指光源相对于相机与被摄体的位置，即光线的方向与角度。同一被摄人物在不同的光位下就会产生不同的明暗效果。摄影中的光位千变万化，但在影楼中归纳起来主要有正面光、前侧光、侧光、后侧光、逆光、顶光与脚光七种。

（1）正面光

光线主要来自被摄物体的正面，随着角度高低可分为平顺光、高位顺光。平顺光，正面平顺光照射，光线均匀主体明亮，但立体感较差，缺乏大的明暗变化。高位顺光，灯光的高度高于主体人物的头部正面照射，照片明亮人物稍具明暗变化，立体感稍强。那么拍摄时就在一些基本构图的基础上多采用了画面各个因素的固有色及其明度来进行构图，背景偏重与主体服装的明亮色拉开距离产生空间感，在灯光人像中，正面光常用作辅光（图5.1、图5.2）。

（2）前侧光

指45°方位的正面侧光。这是最常用的光位，前侧光照射的景物富有生气和立体感。在灯光人像中，前侧光常用作主光，通常位于人物脸部朝向的另一侧，脸朝左用右侧光，脸朝右用左侧光（图5.3、图5.4）。

（3）侧光

即光源位于人物侧面成90°，侧光下被摄体呈阴阳效果，富有戏剧性，突出明、暗的强烈对比。正面的人像的侧光效果神秘、立体感强。利用侧光作主光拍摄的画面影调浓重、气氛强烈，在影调上为了有变化使用了双侧光（图5.5、图5.6）。

（4）后侧光

又称"侧逆光"，光线来自被摄体的侧后方，能使被摄体的一侧产生轮廓线条，使主体与背景分离，从而加强画面的立体感、空间感（图5.7、图5.8）。

图5.3 前侧光1

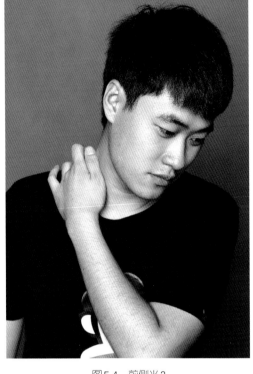

图5.4 前侧光2

图5.5 侧光1

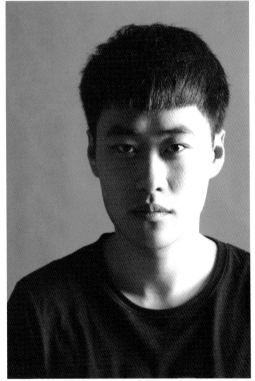

图5.6 侧光2

图5.7　后侧光1

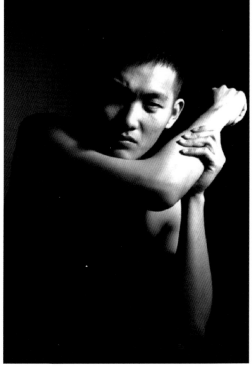

图5.8　后侧光2

（5）逆光

又称"背光"，光线在人物的正后方，逆光能使人物产生生动的轮廓线条使主体与背景分离，从而使画面产生空间感，逆光构图基本上要采用深色背景，否则逆光轮廓就不明显，逆光效果画面是采用了逆光光位拍摄的半剪影画面构成效果，利用花篮的微弱反光给人物脸部补光，人物轮廓清晰、画面通透。采用逆光拍摄，前面可以运用补光，但补光不能过强，这才能将逆光充分地表现出来（图5.9、图5.10）。

（6）顶光

光线来自被摄体的正上方，如正中午的阳光。光线从正上方照下，人物脸部凹凸不平，阴影浓重，充分利用顶光的特点，在人物美姿动作设计上，采用了将脸部迎向顶光，让面部充分受光，曝光从上向下均匀变化，立体感强。利用顶光构图，画面用光简练，突出了人物的面部。顶光在人像单独使用不多，但可以和多种光线配合使用，才能突出其特点。顶光会使人物脸部产生不讨巧的浓重阴影，通常忌拍人像（图5.11、图5.12）。

（7）脚光

光线来自人物的下方，常用来丑化人物，俗称"鬼光"，这种光独自使用很少，在影楼中常常和其他几种光线混合使用。这种脚光效果，影子向上面部不够美观。如人物脸部低下，完全可以采用脚光作为主光构图，为了画面构图有变化，背景可加点侧光（图5.13、图5.14）。

图5.9 逆光1　　　　　　　　　　　　　　　　图5.10 逆光2

图5.11 顶光1　　　　　　　　　　　　　　　　图5.12 顶光2

3.光质

光质是指光线的聚、散、软、硬的性质。不同的光质具有不同的构图特点与效果。

（1）聚光

特点是来自一种明显的方向，光束窄，产生的阴影明晰而浓重。相对于硬光它具有小面积的明暗对比。利用聚光拍摄，人物面部左转使聚光变为主光，人物面部立体感强，采用单灯暗调构成压暗背景突出主体（图5.15、图5.16）。

图5.13 脚光1

图5.14 脚光2

图5.15 聚光1

图5.16 聚光2

（2）散光

散光的特点是光线来自若干方向，产生阴影和而不明晰。散光拍摄，人物受光均匀柔和，对比不强，构图上要重点运用画面中各个因素的固有色，背景采用两块重色布突出人物。这样画面由三块主要的颜色构成，人物皮肤干净，画面明亮，影楼多采用这种光线（图5.17、图5.18）。

（3）软光

指光线被软化分散或者反射照明，影楼里大多采用这种方式，使用软光箱将光线柔和分散，有利于表现物体的外形、形状和色彩，反差柔和，但不善于表现人物的质感和细节。在这种光线下画面亮丽柔和，对比小，所以在构图上利用明暗对比来构成画面，有利于对柔嫩皮肤的表现（图5.19、图5.20）。

（4）硬光

硬光方向性强，光束相对聚光较宽，能使人物产生大面积的明暗对比，有助于表现质感及人物内心情绪的表达。采用正面硬光，人物整体对比大，背景上出现投影。采用硬光作为主光，利用这种光线，制造人物投影，表现人物情绪（图5.21、图5.22）。

图5.17　散光1

图5.18　散光2

图5.20　软光2

图5.19　软光1

图5.21 硬光1

图5.22 硬光2

图5.23 主光1

图5.24 主光2

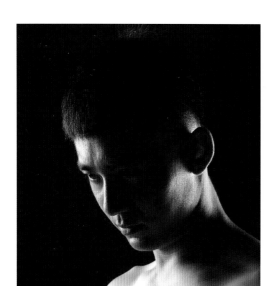

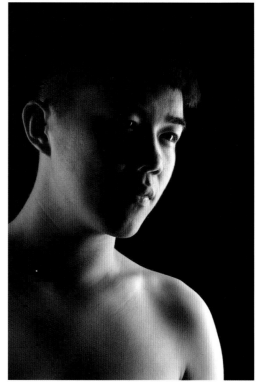

图5.25　辅光1　　　　　　　　　　　　图5.26　辅光2

ANNA SUI
LHJ made for ANNA SUI

图5.27　修饰光1

4.光型

（1）主光

又称"塑形光"用以显示主体，表现质感，雕塑形象的主要照明光线，在人像的拍摄中起到关键的作用。主要表现人物的面部而采用主光照射，突出人物形象，饱满画面，构成明暗对比（图5.23、图5.24）。

（2）辅光

又称"补光"，用来提高由主光产生的阴影部的亮度，使暗部具有细节，减小影像反差，辅光的亮度要弱于主光，才能在暗部中产生变化，也可用一些反光材料进行补光（图5.25、图5.26）。

（3）修饰光

又称"装饰光"，是指对被摄景物的局部添加的强化塑形光线，它是局部光线。如给画面中花篮局部加光，在构图上增加了气氛。但是修饰光不可过大过强，否则会抢夺主体，破坏画面（图5.27、图5.28）。

图5.28　修饰光2

图5.29　轮廓光1　　　　　　　　　　　　图5.30　轮廓光2

（4）轮廓光

指勾画被摄体轮廓的光线，逆光、侧逆光通常都可用作轮廓光，轮廓光勾勒了人物主体曲线轮廓，使画面构图产生线的变化（图5.29、图5.30）。

（5）背景光

灯光位于主体的后方朝背景照射的光线，用以突出主体或美化画面，对画面的影调影响很大。背景亮丽，突出了人物的形体，在画面的构图上有时会影响整个画面的色调，在影楼中多与其他灯光配合使用，也常用于剪影的拍摄（图5.31、图5.32）。

（6）模拟光

又称"效果光"，用以模拟某种现场光线效果而添加的辅助光，这种光线常常具有戏剧性，构成气氛强烈，突出人物和环境、人物与光线的关系，可以将零散的构图因素联成整体。通过分析可以看出几种光线常常需要综合使用才能达到理想的效果，人物形象亮丽，画面丰富立体（图5.33、图5.34）。

图5.31 背景光1

图5.32 背景光2

图5.33 模拟光1

图5.34 模拟光2

5.光比

在构图上光比常常会影响画面的调子产生对比，光比是指被摄人物的主要亮部与暗部受光量的差别，通常指主光与辅光的差别，光比大，反差就大；光比小，反差就小。调节光比的方法主要有三种：① 调节主、辅光的强度；② 调节主、辅灯至被摄主体的距离；③ 用反光板及闪光灯反射光对暗部的补光。

6.光色

光色指"光的颜色"或者说"色光成分"。通常把光色称为"色温"。光色无论在表达上还是在技术上都是重要的，光色决定了光的冷暖感，这方面能引起许多情感上的联想。光色对构图的意义主要表现在色彩摄影中。

第二节　数字摄影布光法则

摄影用光的造型目的可概括为两方面，这就是"真实感"和"美感"。当然，两种目的都是随表现意图而定的。

1.真实感

形象的逼真性是摄影的主要特征之一，也是摄影艺术优越于其他艺术的主要特点之一，用光以求真实感。

（1）现场光线气氛的真实感

如在室内拍摄时，使用电子闪光灯直接闪光就会破坏现场光线气氛，利用现场光或反射闪光则能较真实地再现现场气氛。又如夜间在台灯下伏案学习、工作的画面，因光比大，仅用现场光会使环境在画面漆黑，添加灯光又不宜过弱或过强，否则都会破坏现场光线气氛。

（2）三度空间的真实感

用光实现画面三度空间效果的主要方法：一是利用光影效果，在直射光条件下，前侧光、侧光、侧逆光、逆光等都能使画面产生明暗对比的空间感；二是利用影调对比效果，在散射光条件下，近暗远亮的影调透视能产生明显的空间感。

（3）质地的真实感

质地的真实感即质感。

2.美感

任何艺术都追求美，摄影也不例外，美的内涵极其丰富，用光得体产生美感是其中的一方面。用光产生的美感包括：影调的赏心悦目，明暗的协调配合，投影的巧妙利用，光线产生的各种线条效果等。

相信大家都明白光线对摄影来说是基本，更是必要的元素。好的光线能够显著提升照片的质量。而对于最典型的室内人像摄影来说，恰当的灯光设定与布光，正是关键。

在拍摄人像时，通常用分割布光、环形布光、伦勃朗布光、蝴蝶光（派拉蒙光）式布光。

图5.35　分割布光原理

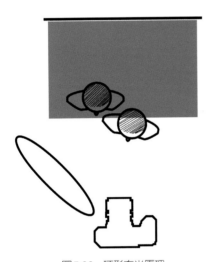

图5.36　环形布光原理

图5.37　伦勃朗布光原理

（1）分割布光

分割布光方式用在当主光只照亮主体半张脸的时候。这是调低主灯高度，调近主灯与主体间的距离而形成的一种布光方式。根据主体与相机距离的远近，主灯会布置在稍后于主体的位置。这种主光位置的安排会营造出一种很棒的主体变瘦的效果。这种布光方法还可以与用较弱的填充光隐藏面部的不平整的方法搭配使用。为了获得戏剧性的效果，可以在不用填充光的情况下使用分割布光方式。填充光、头发光和背景光都可以在分割布光方式中正常使用（图5.35）。

（2）环形布光

在被摄者面部的阴影部分产生环状阴影的肖像布光方式，不同于派拉蒙式或者蝴蝶光式布光，主灯位置离被摄者稍低稍远（图5.36）。

（3）伦勃朗布光

这是一种真正具有绘画风格的用光类型。它的命名使用了荷兰人引以为豪的著名画家的名字，是因为这种布光效果再现了伦勃朗的人物绘画中对光影的描绘。具有传奇色彩的是，就像他那个时代绝大多数经常处在挣扎边缘的艺术家们一样，伦勃朗的工作室又小又暗，没有作为创作场所的任何条件，只有一束来自大自然的光线从天花板上投下来。这个天窗光形成了深暗的、长长的阴影，使他画中人物的双眼窝、鼻子和下巴都隐藏在这种阴影中。于是，一种对现代人来说独具特色的创作风格就以他的名字而流传下来。不过这种布光模式非常适合于人像摄影，比较起来它对男人更合适。阴影的长度和深度，以及光的方向在画面中创出一种沉闷的、在某种程度上甚至是压抑的气氛（图5.37）。

（4）蝴蝶光式布光

对称式照明俗称蝴蝶光（派拉蒙光）式布光，是人像摄影中的一种特殊的用光方式。蝴蝶光从某种意义来说，是斜顶光，也是正面光或者是顺光的一种用光方式。蝴蝶光的通常布光方式是主光源在镜头光轴上方，也就是在被摄者脸部的正前方，由上向下45°方向投射到人物的面部，投射出一个鼻子下方的阴影，似蝴蝶的形状，让人物脸部带来一定的层次感。

蝴蝶光多用于表现女性，这种光打到模特的脸上后，最明显的标志是会在鼻子的下方产生一个蝴蝶似的阴影（图5.38）。

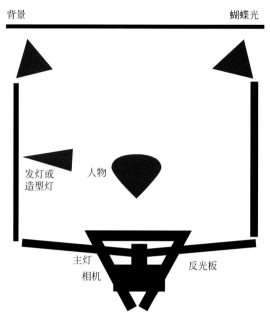

图5.38 蝴蝶光式布光原理

第三节 影调与色调在数字摄影中的应用

摄影中影调来源于音乐中的术语，使摄影这种利用光影变化而构成画面的艺术更具有一种音乐般的视觉上的节奏与韵律。

对摄影作品而言"影调"又称为照片的基调或调子，指画面的明暗层次、虚实对比以及色彩的色相明暗等之间的关系，通过这些关系，使欣赏者感到光的流动与变化。

摄影画面中的线条、形状、色彩等元素是由影调来体现的，如线条是画面上不同影调的分界。

一、黑白照片

自然界所有的颜色（即固有色）有三个主要特征：① 色彩的色调；② 色彩的饱和度；③ 色彩的明度。但对黑白照片而言，多种可见色反映在黑白照片上，只形成黑白灰三个阶段，其间的差别只在亮度上，这样自然界千变万化的色彩便失去了两个最重要的特征——色彩的色相和饱和度，只保留了明度（亮度）——不同亮度的景物变化为相对应的黑白灰色阶所形成的明暗层次，因为不具备有色彩的特征，将黑白摄影中的基调称为"色相"——因其能表现出五彩缤纷的色调为特征。

1.黑白照片的影调

影调与流动物体之间的光线有极为密切的关系，在摄影画面中，影调结构体现在这样几个方面：首先由白（高亮度）过渡到黑（低亮度）的层次等级，在黑白摄影中，影调不但能体现物象，还能抽象地再现于对应原景物的固有色彩，如：红为较深的灰色，而黄色为较浅的灰色，黑中有黑，白中有白，灰色层次多，影像明暗变化大，称为影调丰富，影调细腻，反之黑白灰过渡剧烈，呈跳跃式变化，灰色层次少，称为影调单一粗犷。

不同的影调能产生不同的视觉感受，丰富的影调有助于产生恬静、温和、舒畅之感；粗犷的影调有助于给人们以刚强、力量、激烈、兴奋之感。

照片中不同程度的黑白灰有不同的视觉感受，如黑色给人以庄严、稳重、压抑之感；白色给人以圣洁、明朗、开阔的感觉；灰色给人以黑白间的感受，使人有正常协调之感。灰色的不同变化在画面中常常有协和的作用——在黑白两极之间搭起桥梁使之协调。

2.黑白照片的基调

黑白照片的基调通常概括为中间调、低调、高调。

（1）中间调

中间调作为照片的基调，可以产生和平、疏淡之感，中间调显然在影调上缺少强烈的冲击力，但对各类题材都有表现力，在表现上比较自由，画面贴近生活，不显张扬，主体比较强，这就是为什么大多数照片都是中间调的原因。因为交代得清楚，所以新闻与纪实照片大部分使用中间调。

中间调对比强烈（反差大）的照片往往给人一种生气、力量与兴奋之感，对比平淡，给人一种凄凉、压抑与朴素之感（图5.39）。

（2）低调

画面上黑或黑灰色占绝对优势，即有大量黑色影调结构的照片，黑暗的影调使人联想到黑夜，所以低调照片能给人神秘、含蓄、肃穆、庄重、粗犷、豪放、倔强以及力量的视觉感受。

低调照片适合表现黑色为主要基调的题材，在人像摄影中，低调照片常常用来塑造有力量与庄重感的男性，用于女性，它产生冷峻，优雅的神秘魅力之感（图5.40）。

图5.39　中间调

图5.40　低调

（3）高调

照片中的白色与灰色占绝对优势（白、极浅灰、浅灰、中灰）的照片，白色给人以圣洁、明朗、开阔之意，所以高调照片给人视觉感受为轻盈、纯洁、明快、清秀、宁静、淡雅与舒适（图5.41）。

高调照片并不是"满篇皆白"，在浅而素雅的影调环境中局部的少量的黑色（或暗色）是必不可少的。而这些黑暗影调所构成的部分则往往成为画面的视觉中心。

影调配置中必须注意的问题及改善方法如下。

① 根据被摄对象的特征确定影像。

② 影调配置要完美地突出主体，其最有效的方法就是对比欲将某一色块（景、物、人）突出，使其更具视觉引力，则可以用相反色块把它孤立起来。

③ 防止黑白反差的等量分配，避免影响、凌乱主次不分。影调变化形成的节奏感是一幅黑白照片获得视觉效果的重要因素之一。

④ 利用其他的一些措施改善影调，如前期使用滤镜以及后期暗房制作中选择使用反差不同的放大纸、局部遮挡以及调整显影成分，亦可采用中途曝光、正负叠放等一些技术手段控制画面的影调。

二、彩色照片

1.彩色照片的色彩基调

彩色照片的色彩基调指画面色彩的基本基调，即画面中主要色彩的倾向。

摄影中照片色彩认识与研究许多方面是指借鉴与参考了美术理论中对应的相关成分，同时参照了黑白摄影中影调的划分，将彩色摄影中的色彩基调分为暖色调、冷色调、中间色调，有些分类法则更细腻些，在上边所列的冷、暖、中间色调外，可再细分为对比色调、和谐色调、浓彩色调、淡彩色调、亮彩色调、灰彩色调等。

2.色彩概念

（1）色相

色相又称为色别、色名，即色彩的相貌。色相是色彩的基本特征之一，它是色与色之间的主要区别，如红、黄、蓝、紫等，光谱中人眼能分辨的色相有150种，加上30种光谱中不存在的（如品红），人眼在最好条件下可分辨大约180种色相。

（2）色彩

色彩又称为颜色，它是构成造型艺术的重要因素之一，各种物体因吸收和反射光线的程度不同而呈现出千差万别的颜色。人们对色彩的感觉，取决于光源的光谱成分和物体表面的特征，同时也依赖于人的视觉系统及大脑的生理功能，因此也可以说色彩是一个主观感受与客观世界相结合的概念。

图5.41　高调

图5.42　暖色调1

图5.43　暖色调2

图5.44　冷色调1

（3）暖色调和冷色调

① 暖色调　以红、橙、黄等温暖的色彩为主要倾向的色调。红、橙、黄能使人感到温暖，属于视觉感受，这与自然有一定的关系，如太阳、火焰能给人温暖等。暖色调有助于强化热烈、兴奋、欢快、活泼激烈等视觉感受（图5.42、图5.43）。

② 冷色调　以各种蓝色（纯蓝、紫蓝、蓝青、青莲）为主的画面称为冷色调。冷色调有助于强化恬静、安宁、深沉、神秘、寒冷等效果，冷色调能产生寒冷的感觉，可能与夜色等自然现象有关（图5.44、图5.45）。

（4）对比色调和和谐色调

① 对比色调　对比色调画面不是以某一类颜色为基调的，而是以两种色相上的差别较大的颜色相搭配所形成的色彩基调，色彩学中色环上位置相距较大（120°～240°）的一组色彩称为对比色，如红与绿、黄与紫、橙与蓝的对比冷色与暖色。互补色的对比，出现在同一画面上能在视觉上造成一种色相反差，各自的色彩倾向更加明显，从而更充分地发挥各自的色彩个性。

色彩对比是强调主体与加强主题的表现的重要手段之一。

对比通常有两种：

一是常见的色相对比，也有用色明度强烈的反差形成的明暗对比。

二是拍摄时或后期用加滤色镜等方法强调冷暖对比，但也要慎重，以免画蛇添足，有虚假与生硬之感。

对比色调的照片应该给人以鲜而不腻、艳而不俗的感觉。人们很早就从自然界中的现象发现对比色的赏心悦目，配合得当是对比色使用的关键，切忌杂乱无章与平分秋色，既对抗又和谐，在色彩对抗中追求色调的和谐。

对比色的配置应该注意以下几点。

a.对比要突出主体，强调主题。

b.确定画面的基调。

c.形成色彩重音。做到彩色基调的交互作用，如暖色调里边有对比，冷色调中有对比等。

② 和谐色调　画面由相邻的近色（靠色）或色相环90°以内的色彩构成。和谐色调不如对比色调那样强调富于视觉刺激，但却因其无色彩跳越让人感到和谐、舒畅，强化了淡雅、素净与温馨的效果。明度强烈的和谐色调也具有强烈的视觉感染力与冲击力。一些和谐色调常用黑色、白（消色）来丰富画面的表现力，使画面色彩朴素、典雅，既温和又有丰富的层次，既雅致又爽朗有力。

（5）饱和度

也称色彩纯度，指某种颜色与相同明度的消色

图5.45　冷色调2

相差的程度，即表示颜色中所含的彩色成分与消色成分（灰）的比例。颜色中所含的彩色成分多，色彩饱和（色觉强）；所含的消色成分多，色彩便不饱和（色觉弱，灰度大）。最饱和的色彩为光谱色，因为光谱色纯度高，在颜色中，饱和度最高的为红色，最低的为蓝色。

（6）明度

也称亮度、明亮度、色值，是色彩的重要色相之一，指色彩的明暗、深浅程度。某物体表面的明度，即该物体反射一定色光亮的程度。反射量越大，明度越高。对不同的色彩而言明度各不相同，如黄色明度高、红色明度低、蓝紫色明度低，同样的颜色用强光照明明度则大，弱光下则明度低。即明度的变化相当于光度的变化，明度的数值可以用反光率表示，消色是只有明度差的色。

························· 思考与练习 ···

1.摄影用光的六大基本因素是什么？

2.黑白照片的基调有几种，分别是什么？

第六章　数字摄影实践拍摄技巧

本章知识点

　　主要讲授数字摄影实践拍摄技巧，介绍广告摄影的拍摄及制作的流程；风光摄影的特点及构图；人像摄影的构图、布光方法，几种特殊摄影的拍摄技巧。

学习目标

　　了解广告摄影的拍摄方法、制作流程及创意，风光、人像及特殊情况的摄影拍摄方法，学习各种摄影的拍摄的技巧及重要的意义。能够独立拍摄各种类型的摄影，运用适当的方法拍摄，结合前五章的学习内容进行摄影的创作。

第一节　广告摄影的拍摄

广告摄影是以商品为主要拍摄对象的一种摄影，通过反映商品的形状、结构、性能、色彩和用途等特点，从而引起顾客的购买欲望。广告摄影是传播商品信息、促进商品流通的重要手段。随着商品经济的不断发展，广告已经不是单纯的商业行为，它已经成为现实生活的一面镜子，成为广告传播的一种重要手段和媒介。

一、广告摄影的分类

广告摄影是一门专业技术，对于不同的被摄题材，有着不完全相同的专业化技术处理方法，比如，拍摄建筑物就需要有与拍摄服装或者拍摄食品完全不同的布光形式和拍摄技巧，而且各自表现的重点也不尽相同。对广告摄影进行分类，有利于普通人对于广告摄影的了解和学习。

1. 从拍摄技术的角度分类

从拍摄技术的角度对被摄对象进行分类，可以分为服装摄影、食品摄影、室内摄影、建筑物摄影、大型机械摄影、商业风光摄影、商业人物摄影和商业静物摄影这八类。这种分类方式基本上可以满足对于不同被摄对象以拍摄技术进行归类的需要，是一种被广告摄影制作人员普通接受的分类方式。许多著名广告摄影师，往往也都是某一类别的专家（图6.1 ～图6.6）。

2. 从服务对象分类

广告摄影作为广告整体活动的一部分，还有具备必须符合商业行为的设计要求。因此，也可以按照广告对象各不相同的设计特点，以及所接触的不同类型的客户进行归类，可以分为产业摄影、服务摄影和消费摄影这三类。产业摄影是以制造业所需要的产品为主要对象的广告摄影，它表现内容多为各种原材料、器材设备、各种零部件和加工工具等，其宣传对象多为专业人员，产品的接收者具备相当程度的专业知识，产品的销售渠道相对固定，摄影图片多运用于产品的样本、展览目录或者年鉴等专业媒体上，因此，产业摄影的设计重点不在于直接展示产品所能够给接受者带来的好处，而在于提高企业在广告对象心目中的地位，或者提供详细的产品资料和情报。服务摄影表现的是看不见的商品各种商业服务项目，诸如金

图6.1　食品摄影

图6.2 室内摄影

图6.3 建筑物摄影

图6.5 商业人物摄影

图6.4 商业风光摄影

图6.6 商业静物摄影

融银行业、交通旅游业的各种服务和服务设施，以及自然风光和人文历史资源等是服务业摄影宣传的主体。服务摄影的设计重点多为体现某种或者某项服务的特色和由此所带来的益处。消费摄影是整个广告摄影的最普遍的内容，其宣传的对象直接是商品的接受者。各种日用品、食品、服装甚至汽车等都是消费摄影的表现对象。由于这类物品的品种极其繁多，而消费大众的个性又有很大的差异，所以消费摄影的设计侧重点在于引发消费者的购买欲望和消费情趣（图6.7）。

3. 从媒体与画面的结合关系分类

消费者是通过具体的广告媒体接触来接受摄影图片的。不同的广告媒体所接触消费的方式也各不相同，而且不同媒体对于广告摄影的设计和制作要求也不相同，唯有完全适应媒体的特殊要求，广告摄影才能够发挥其应有的作用。从这一媒体和摄影画面结合关系的角度来区分广告摄影的类别，又可以分为包装摄影（图6.8、图6.9）、报纸杂志广告摄影、招贴摄影、商品目录摄影这四类。包装摄影是指设计和制作印制在商品包装上的各种摄影画面，包括各类纸盒、标签、书本封面、录音带和录像带的护套上面的摄影画面；报纸杂志广告摄影和商品目录摄影的含义比较明确，就是指以用于报纸杂志和商品目录中的广告画面为对象的摄影，当然，商品目录摄影还包括了邮寄的信函广告；招贴摄影除了路牌广告之外，还包括灯箱广告和幻灯广告中的摄影画面的设计和制作。这种以媒体为参照的分类方式比较有利于以媒体的具体不同特点进行广告摄影的设计和制作，以媒体的最终传达效果来指导和把握摄影画面的质量以及制作特点。

广告摄影还有其他不同的分类方式，但上述三种分类方式是最基本的，也是最常见的形式。在进行具体的广告摄影的设计和制作过程中，应该根据不同的制作阶

图6.7　消费摄影

图6.8　包装摄影1

图6.9　包装摄影2

段、不同的设计要求进行科学的分类和研究，以满足特定的需要，只有这样，才能正确把握广告摄影的本质，顺利、高效、优质地完成广告摄影工作。

二、广告摄影的设计制作过程

广告摄影的设计制作过程大致有以下几个阶段。

1.确立出发点

确立广告的出发点和想获得的效果，是广告摄影首要的任务。确立的出发点，主要是根据广告策划书来进行的。

所谓的广告策划书，是企业广告宣传书拟定的具体计划方案。这个方案一般经过严格的市场调查、分析后制订的切实可行的方案。因此广告摄影计划必须建立在其基础上进行。根据策划书的主旨制定一套符合客户要求的图像表现方案，并及时地与客户沟通方案。因此，在这个环节，摄影师与客户之间建立有效率的沟通是十分必要的。

2.摄影画面的构思和拍摄的前期准备

广告摄影的基本表现方向拟订后，就可以根据这个来构思具体的视觉画面了。这一环节就是把创意转化为影像的过程。这一阶段的完成一般都是集体智慧的结晶。除了摄影师，还有艺术指导（AD）、文案人员等的参与。最终由艺术指导统一协调各方面的提议和想法，最终拟订拍摄草图。这一步骤也是整个广告摄影中最重要的一步。

根据草图拟订拍摄计划，确定预算，聘请相关人员，如模特儿、化妆师、购买、挑选、制作相关道具等，前期准备越是做得严谨精细，在拍摄时出现意外情况的概率就越低。因此，前期准备是个繁杂却不可忽视的步骤。

3.正式的拍摄和制作定稿

正式的拍摄可以依据之前拟订的创作草图来展开，但任何草图只是提供一个大而空泛的指导框架。在正式拍摄时，摄影师会调动一切视觉语言，富有个性地进行再创作。这是整个环节中决定最终效果的重要一步。摄影师的专业水平和对创意的解读程度会在这一环节中充分地显示出来。

在此环节里，摄影师不仅要充分地理解作品创意、预想最终画面效果，还需要权衡画面构图、色彩搭配、道具的摆放位置、器材选择和操作等问题。如果涉及模特儿，还需要调度模特儿的姿势和情绪，在配合中共同完成最终的画面效果。因此，摄影师的工作绝非是一个照图还原的简单劳动，而是充分发挥摄影师创造力和深度思考的再创造工作。

完成拍摄后，大部分的广告作品需要经过数字后期的处理，如调色、锐化等或根据需要做更大范围的调整。现在多由专业的修图师来完成最后的处理工作。最终完成后再次交付客户审阅，获得认可后，就进行付印及最终选择合适的媒介发布出去。

4.后期效果反馈和调查

广告效果的测定是非常重要的，一般委托专业的调查机构来完成。一则成功的广告必须在推动商品的销售和企业品牌的知名度方面发挥积极有效的作用。从调查的反馈结果中，来自消费者群体的评价，不但可以了解广告的效果，也可根据反馈确立需要修缮或重新构思的环节。这是一个将主观创意成果交付给市场进行客观评价的环节，也是检验一则广告成功与否的唯一标准。

三、广告摄影的创意

1.摄影视觉创意形式法则和美学特征

广告摄影的内容与形式永远是广告摄影视觉创意不可缺少的两个有机组成部分，它们相互依存。没有内容，广告摄影视觉创意的作品便没有灵魂；没有形式，广告摄影视觉创意作品就没有赖以生存的躯体。为了更好地传递视觉创意的信息，吸引人们的关注并产生感情上的愉悦感，激发其兴趣和欲望，广告摄影视觉创意应注重形式美的追求，以极富形式魅力的视觉美感表达创意主题。

传统摄影把写实作为艺术的本质特征，以客观现实作为表现对象，以真实和具体的视觉形象塑造出具有美学价值的艺术作品。广告创意摄影师认为摄影不应局限在纪实的表层范围内，摄影应跨越自身的局限，从客观世界进入主观世界，探索和寻求新的语言形式。他们拍摄的对象不仅是客观现实，而是追求一种心理和精神的表现。客观外界的事物，只不过是摄影师表达个人内心情感的载体。

广告创意摄影潜在的美学特征，只有在人们的理解和参与过程中，才能获得艺术生命力。

2.广告摄影视觉创意思维方式

广告摄影作为一种具体的视觉表现形式，首先应吸引人们的注意，引起观者产生特定的视觉和心理反应，然后使观者产生共鸣。广告摄影视觉创意在准确传递视觉信息的前提下，是没有任何限制的。从抽象形态到具象形态，从自然形态到古今中外的各种图形，均可以根据视觉需要进行有的放矢的选择。抽象和具象是视觉审美上的两个范畴。广告摄影视觉创意应在进行拍摄时全面地了解和认识拍摄物象，通过比较和选择，概括凝练拍摄物象的特征，强化物象的典型个性，不同的摄影师，不同的环境，不同的理解，会出现各不相同的视觉形象。

广告摄影视觉创意思维形式共有两种：一种是综合式；另一种是创造式。

综合式创意，就是把一些好的创意，加以组织、配合、提炼，并加入一些新的元素，创造出新的创意。

创造式创意则是灵感再现，这种灵感源于创造者的综合素质，才能把握灵光一现的启示，这种潜意识内心深处的启示，通过人脑的提炼去把它表现出来。

3.广告摄影视觉创意的表现形式

广告摄影视觉创意的表现形式体现在

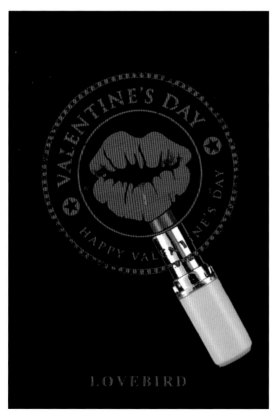

图6.10　广告创意摄影1

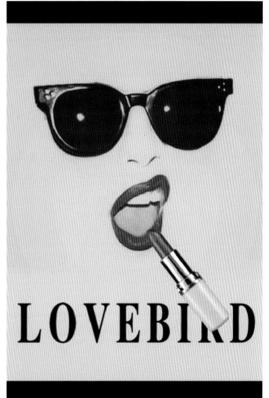

图6.11　广告创意摄影2

图6.13 广告创意摄影4

广告创意摄影的视觉中心。人们通常随着物象轮廓的视线运动，感知到物象的具体形象，视线便会聚在一个适当的位置，这就是视觉中心。没有设置焦点的形象，如一个圆形，视线就会聚集在圆形的中心点，因为就圆周上各个点而言，其视觉张力都是相同的中心点，虽然这样的点没有被明确，实际上它就是这个圆形的视觉中心，但这是个消极的视觉中心，一旦圆形中的任何位置出现一个明确的点，由于其周围空间的相异性质，使其成为一个聚焦视线的点，这个点便成为积极的视觉中心。消极的视觉中心只能使视线短暂地聚集或停留。吸引人们视觉注意力主要在于通过各种视觉元素的对比而形成的视觉中心（图6.10～图6.14）。

四、广告摄影的布光法则

摄影是用光的艺术，广告摄影尤其如此，本文从光线对物体质地的表现、主题的表现等

图6.12 广告创意摄影3

图6.14 广告创意摄影5

几个方面分析布光技巧。

1.布光对产品的质地表现

由于物体结构质地和表面肌理各不相同，所以吸收光和反射光的能力也不同。因此，根据不同质感对光线不同的反映，大致可以把物体分为吸光体、反光体、透明体。

（1）吸光体的拍摄

吸光体产品包括毛皮、衣服、布料、食品、水果、粗陶、橡胶、亚光塑料等。它们的表面通常是不光滑的（相对反光体和透明体而言）。因此对光的反射比较稳定，即物体固有色比较稳定统一，而且这些产品通常本身的视觉层次比较丰富。为了再现吸光体表面的层次质感，布光的灯位要以侧光、顺光、侧顺光为主，而且光比较小，这样使其层次和色彩表现得都更加丰富（图6.15）。

图6.15　吸光体的拍摄

（2）反光体的拍摄

反光体是些表面光滑的金属或是没有花纹的瓷器。要表现它们表面的光滑，就不能使一个立体面中出现多个不统一的光斑或黑斑，因此最好的方法就是采用大面积照射的光或利用反光板照明，光源的面积越大越好。很多情况下，反射在反光物体上的白色线条可能是不均匀的，但必须是渐变保持统一性的，这样才显得真实，如果表面光亮的反光体上出现高光，则可通过很弱的直射光源获得（图6.16）。

图6.16　反光体的拍摄

（3）透明体的拍摄

拍摄透明体很重要的是体现主体的通透程度。在布光时一般采用透射光照明，常用逆光位，光源可以穿透透明体，在不同的质感上形成不同的亮度，有时为了加强透明体形体造型，并使其与高亮逆光的背景剥离，可以在透明体左侧、右侧和上方加黑色卡纸来勾勒造型线条（图6.17、图6.18）。

2.布光对主题表现

光在摄影中不仅用来客观地表现物体形态特征，还可以传递给人感受。在展现静物产品形状、体积、色彩、质感、空间等视觉信息的同时，也展现了静物产品积极美好的诸多方面。摄

图6.17　透明体的拍摄1

图6.18　透明体的拍摄2

图6.19　直接表现

影师不能单纯从表象来观察光，而应寻思"光"所包含的情感语言。

对被摄物来说，不同的采光角度、亮度，得出的效果是不同的。掌握光在摄影作品中的效应，并且对此感觉敏锐，是摄影师的本能，犹如画家熟练地运用颜料来描绘物体一样，摄影师是运用布光来"描绘"。

（1）直接表现

直接表现是指布光对产品或其构成的情节直接渲染气氛。这种布光大部分直接作用在主体上。由于光有冷暖、强弱、明暗之分，所以表现出的主题和氛围也不尽相同（图6.19）。

（2）间接表现

间接表现是指对画面陪体、背景或是氛围加以渲染。这种布光只是为了增强主题氛围，而不是直接塑造主体，它必须和其他塑造主体的光进行互动（图6.20）。

3.布光对造型和色彩表现

（1）光对静物产品造型的塑造

布光表现静物产品造型主要指的是对产品立体感和表面形态（轮廓）的塑造。当拍摄物体的特写或近景时，最好运用正面补光，表现物体正面质感，曝光则以正亮度为宜，使造型效果更好。影响这方面表现的主要因素是光源的强度（或者说光比）和光照射的位置（图6.21）。

（2）光对静物产品色彩的表现

光对色彩作用有两点：一是光的方向；二是光的色性。

图6.20　间接表现　　　　　　　　图6.21　光对静物产品造型的塑造

　　光的方向，在影室布光中指的是不同光位的光线照射，如顺光、侧光、逆光等，这些不同的光位，使静物产生明暗不同的变化，使得色彩也各不相同。顺光指拍摄主体的受光面，基本上没有暗部，影调层次较平淡单调，反差小，但色彩细腻平和，色调明亮。

　　光的色性主要指的是光本身的色彩偏向和色温，对拍摄主体的色彩还原以及画面色彩表现有着巨大的影响。众所周知，在日光灯与白炽灯下，同一静物会呈现不同的色彩，这就是受到了不同色温影响的缘故。例如红色在白炽灯下呈橘红色，但在日光灯下却呈现出品红色或紫色。

第二节　风光摄影的拍摄

一、风光摄影的特点

1.题材广

　　我国幅员辽阔，风景摄影的题材十分广泛。名山大川的壮丽景色，工业基地的蓬勃景象，农村田野的诱人风光，城镇建设的崭新面貌，少数民族的风土人情等等，为风景摄影提供了取之不尽的丰富素材（图6.22～图6.24）。

图6.22　风光摄影——山川

图6.23　风光摄影——工业

2.意境深

风景照片擅长以景抒情,它通过对自然景色的生动描绘,来表达或寄托人的思想感情。因此,风景照片一般都具有很深的意境,能引起人们的深刻联想(图6.25)。

3.画面美

大自然的美,经过拍摄者的艺术构思、技术加工,便成为画面优美的风景照片。画面的美,是直接为照片内容服务的。为了深刻表现照片的主题,在取景时,对与表现主题无关的景物,就不要纳入画面的构图中。因为,如果只注意形式上的装饰,往往会降低照片的感染力。

4.色彩鲜

自然界各种景物的色彩极为丰富,当这些景物被记录在彩色感光片上时,就使得风景照片的色彩格外丰富、鲜艳。即使记录在黑的感光片上,画面景物的层次也十分丰富。这是风光摄影区别于其他摄影的又一个特点(图6.26)。

二、风光摄影的构图要领

构图法则在之前已经有过讲解,我在这里主要是分享一些实际拍摄过程中积累的感想。

在立意过程中,分清场景中的核心元素和辅助元素,就能顺利地提炼出主体、陪体,会极大地有利于构图。

主体(兴趣中心)的位置必须突出。可以放在"黄金分割"的交点上,也可以放在画面正中或其他位置,完全视创作意图而定。

只保留必要的陪体,使得画面简洁、有序。

要注重画面的整体平衡感。当然,某些主题需要特意营造某种不平衡感,则不在此列。

善于运用前后景、景深以及将观者的视线导向主体的视觉引导线等元素,营造画面的立体感。前景有时还能起到很好的平衡画面的作用。

构图不要太满,风光摄影多数情况下画面要有留白。

图6.24 风光摄影——城镇

图6.25 风光摄影——意境表现

图6.26 风光摄影——色彩表现

图6.27 逆光——剪影效果

图6.28 逆光——色彩表达

图6.29 风光摄影——水面倒影

留意水平线在画面中的位置高低，以及是否处在水平状态。

自己认为好的场景，通常横、竖构图各拍至少一张，以备不同用途。

三、风光摄影中摄影语言的运用

1.立意

拍摄照片时，一定要有贴切的立意，赋予照片深刻的内涵，这样的照片观赏起来才能韵味无穷。

2.用光

光影或影调效果好的作品，大多是有迹可循的。善用早晚光线，营造低色温、低反差的画面，比如早晚霞、长时间曝光作品善用逆光或侧逆光，勾勒景物轮廓或制造剪影效果，增强画面的立体感；善用侧光在非平滑物体表面造成的明暗差异，凸显物体的质感；善用逆光凸显红叶、黄叶的色彩明度、饱和度以及树叶质感；借用穿过云层或物体缝隙的集束光对主体的照射，得到类似舞台灯光的效果；巧用物体在水面的倒影；用慢门或减光镜延长曝光时间，使得移动的物件产生拖尾效果、水流呈绸缎状、浪花呈云雾状、快速移动的云层模糊化、夜里的车灯形成光带等等（图6.27～图6.31）。

以上这些用光技巧，不外乎是在光线的色温（色彩）、方向（入射角度）、强度、光通量、照射范围等方面做文章。

图6.30 慢速摄影1

图6.31 慢速摄影2

3.色彩

拍摄彩色照片，作品的色彩构成作为评价中的一项。评价色彩构成时，有两种截然不同的评价方向。

一是，有强烈对比色的画面更引人"注目"。对比色通常是指互补色，比如青与红、品与绿、黄与蓝。每一对互补色混合后均会消色（即得到白色）。

二是，色彩和谐的画面更"悦目"。色彩和谐，通常指画面包含的色彩在颜色（即色彩种类）、纯度（指鲜艳程度）和明度（指处在白－灰－黑之间哪个位置）三种属性各自相近的情况：

颜色相近。比如，同样是红色系的两种颜色，易于和谐。

纯度相近。比如，两种中等纯度的颜色，比一高纯度和一低纯度更和谐。

明度相近。比如，两种淡色，比一淡和一浓更和谐。

第三节　人像的拍摄

一、人像拍摄的角度和构图要领

在人像外拍的领域上，总有学不完的拍摄技法。不过，想要快速掌握拍好人像，其实大有门路。如果是初学者其实可以先从取景的角度、构图去练习。

1.拍摄人像时角度的选择

（1）平拍

平拍是以人物主体眼睛的平视高度作为基准线的。这种高度所拍摄的画面效果符合人的视觉经验，并且构图平稳，无特殊变化（图6.32）。

（2）俯拍

在人像拍摄，尤其是表现女性形象时，很多情况下摄影者都喜欢采取高角度俯拍。因为这种拍摄角度能使女性的脸部变得娇小，产生"瓜子脸"的效果。当然，这种角度比较适合那些脸形较宽、较胖的女性，而对于那些较瘦、脸形上大下小的人物主体，则不宜采用这个角度拍摄。另外，在拍摄人物全身照时，采用俯拍角度能够得到某种意义上的卡通效果。因为这种角度能使人变得矮小，产生头大身小的夸张效果（图6.33）。

（3）仰拍

采用低角度仰拍所产生的效果正好和高角度俯拍相反。在拍摄人物正面半身像时，仰拍能够使人物主体上额部变窄、下颚部扩大、头颈变长、脸部饱满，并且表现出人物主体的高大与修长，同时还起到了净化背景的作用。另外，在拍摄女性全身照的时候，采用这种角度能够表现女性修长的双腿和婀娜的身姿。但是对于脸部上小下大的人来说，就不能采用正面仰拍的角度了，因为这种角度会更加暴露人物主体的缺陷。而此时，摄影者应该选择稍侧的角度进行仰拍（图6.34）。

2.人像摄影构图要领

从之前讲过的常见构图之外，符合人像的构图如下。

（1）构图三要素

构图的三要素包括画幅的形式、画面中的主体实像部分和画面中的空白部分。对于初学者来说，准确把握和安排构图的三要素是快速入门人像摄影构图的最简单的方法。

① 画幅的形式　画幅的形式是指照片是采用横幅面、竖幅面或者是其他形式来进行构图的。在进行人像构图时，摄影者首先需要考

图6.32　平拍

图6.33　俯拍

图6.34　仰拍

图6.36　竖幅面

图6.35　横幅面

虑采用何种画幅形式来框取被摄体。如果仅仅考虑使画面适合被摄体的需要，则可以按被摄体的具体形态来确定画幅形式（图6.35、图6.36）。

② 画面中的主体　人像摄影画面中的主体实像部分，即摄影者想要表现的人物主体。其表达方式有两种：一是通过人像构图公式法，即采用特写公式构图、半身公式构图、七分身公式构图和全身公式构图；二是带景艺术构图法，即通过人物和景物的完美搭配来进一步美化和表现主体（图6.37）。

③ 画面中的空白部分　在摄影构图中，画面的空白部分并不都是指照片中白色的、没有任何形象的部分，而是指除了主体实像以外的部分。因此，构图上的空白并不一定是白色的。在一个摄影画面中，主体实像与空白部分是互为依存的。空白部分既可以衬托、说明主体，同时还可以对主体形象进行补充、强化。

图6.37　画面中的主体

（2）平衡构图

人像摄影构图中的对称和均衡是平衡的两种形式。

对称是指沿画面中心轴两侧有等质、等量的相同景物形态，两侧保持着互相均衡的关系。这种构图形式使画面显得工整、端庄、安定，同时也会使人产生呆板、单调的感觉。均衡是人像摄影构图中最普遍、最重要的构图原理，也是最常用的摄影构图形式。画面均衡跟对称不同，它是沿画面中心轴两侧，有不等质、不等量或不同景物形态的构成形式（图6.38）。

（3）避免从关节处切割人物

初学者还很容易犯的一个错误就是在拍摄半身人像时，把握不好人物肢体的取舍位置，经常会出现断臂、拦腰截断的画面。对于初学者来说，尤其要注意，当从取景器里取景时，不要从人物的关节处切割。也就是说，不要让景框的底部从肘部、腰部或者膝盖处切割，景框的两边也不要从手腕或者肘部切割。如果必须要从手臂或者腿部剪切，也应尽量跳过关节处。

图6.38　平衡构图

二、人像拍摄背景的处理

1.用简洁的背景突出主体

对于人像摄影来说，人物是人像照片所要表达的主要对象，是画面的重要组成部分。它不仅是画面内容的中心，而且是画面结构的中心，其他景物都要围绕它形成一个整体。所以说，在画面中摄影者最需要注意的就是如何突出人物。对于初学者，突出人物的最简单方法就是寻找一个比较简单干净的背景（图6.39）。

2.用虚化的背景突出主体

如果想进一步突出人物主体，初学者还可以考虑利用虚化背景的方法来突出人物。这种虚化背景的方法，同样可以排除杂乱的背景对人物主体的干扰（图6.40）。

3.人物、景物的合理搭配

对于环境人像摄影构图来说，最常见的错误莫过于人物和背景的搭配不当。在进行环境人像摄影时，由于表现主题的需要，画面背景需要保持一定的清晰度。而此时，如果人物和背景搭配不当，就会出现人物头顶着树、柱子等物体或者肩部长出树枝等不正确的构图形式。如果这种情况出现，要考虑让人物主体稍微移下位一点，避免作为背景的树木和人物重叠。当然，也可以对背景稍加虚化，使人物更加突出（图6.41）。

三、人像拍摄的布光法则

在人像摄影中，无论是在室外还是在室内拍摄，光线的选择和使用，对人物主体各方面的表现都有很大的影响。

1.室外拍摄的最佳时间

太阳从日出到日落，不仅光线的位置时刻在改变，光线的强度同样随时间的变化而变化。因此，自然光线照射在人物主体身上的光线效果，也会随着太阳位置的推移和强度的变化而不断改变。一般来说，一天当中的最佳拍摄时间段为上午10点之前和下午3点以后（前提是日出之后和日落之前）。此

图6.39　用简洁的背景突出主体

图6.40　用虚化的背景突出主体

图6.41 人物、景物的合理搭配

时，太阳光线柔和，高度适中，能够使人物呈现一种自然的状态。

2.如何在强烈的太阳光下拍摄

由于时间限制，在太阳光强烈的中午进行拍摄，此时，摄影者可以避开阳光强烈的位置，选择太阳伞、树荫下、高墙、高石处等，能够遮挡一定光线的位置来进行拍摄。这样，不仅可以避免人物脸部产生阴影，而且人物主体也不会因为太阳光线的强烈照射而表情不自然（图6.42）。

3.阴天拍摄注意事项

阴天时，室外的光线是非常柔和的散射光，用这种光线拍摄人像，能取得比较好的效果。当然，还可以利用反光板来进一步改善光线效果，同时增加眼睛部位的光线，减轻下巴下面的阴影，从而拍出更漂亮的人像（图6.43）。

4.选择靠近窗户的位置

在室内，摄影者可以首先考虑在靠近窗户的

图6.42 在强烈的太阳光下拍摄

图6.43 阴天拍摄

图6.44　窗前拍摄

图6.45　室内灯光拍摄

位置进行拍摄。因为在窗户边上，尤其是朝北的窗户，会有非常柔和的散射光。若窗户灰尘较多，光线会更加柔和。当投射进窗户的是直射光线时，摄影者还可以拉上一层很薄的窗帘来缓解一下光线的强度（图6.44）。

5.室内灯光拍摄

除了在窗户边上，摄影者还可以利用室内的灯光进行拍摄。相对来说，室内的光线比较容易控制。室内灯光的运用在第五章已经做了详细的介绍，此处不再赘述（图6.45）。

第四节　特殊拍摄技巧

一、逆光摄影

逆光拍摄是摄影用光中的一种手段。广义上的逆光应包括全逆光和侧逆光两种。它的基本特征是，从光位看，全逆光是对着相机，从被摄体的背面照射过来的光，也称"背光"；侧逆光是从相机左、右135°的后侧面射向被摄体的光，被摄体的受光面占1/3，背光面占2/3。从光比看，被摄体和背景处在暗处或2/3面积在暗处，因此明与暗的光比大，反差强烈。从光效看，逆光对不

图6.46　逆光摄影

图6.47　夜景摄影1

透明物体产生轮廓光；对透明或半透明物体产生透射光；对液体或水面产生闪烁光（图6.46）。

逆光是一种具有艺术魅力和较强表现力的光照，它能使画面产生完全不同于人类肉眼在现场所见到的实际光线的艺术效果。如果能将逆光摄影的手段运用得当，对增强摄影创作的艺术效果无疑是很有价值的。

1.能够增强被摄体的质感

特别是拍摄透明或半透明的物体，如花卉、植物枝叶等，逆光为最佳光线。因为，一方面逆光照射使透光物体的色明度和饱和度都能得到提高，使顺光光照下平淡无味的透明或半透明物体呈现出美丽的光泽和较好的透明感，平添了透射增艳的效果；另一方面，使同一画面中的透光物体与不透光物体之间亮度差明显拉大，明暗相对，大大增强了画面的艺术效果。

2.能够增强氛围的渲染性

特别是在风光摄影中的早晨和傍晚，采用低角度、大逆光的光影造型手段，逆射的光线会勾画出红霞如染、云海蒸腾，山峦、村落、林木如墨，如果再加上薄雾、轻舟、飞鸟，相互衬托起来，在视觉和心灵上就会引发出深深的共鸣，使作品的内涵更深，意境更高，韵味更浓。

3.能够增强视觉的冲击力

在逆光拍摄中，由于暗部比例增大，相当部分细节被阴影所掩盖，被摄体以简洁的线条或很少的受光面积突现在画面之中，这种大光比，高反差给人以强烈的视觉冲击，从而产生较强的艺术造型效果。

4.能够增强画面的纵深感

特别是早晨或傍晚在逆光下拍摄，由于空气中介质状况的不同，使色彩构成发生了远近不同的变化：前景暗，背景亮；

前景色彩饱和度高，背景色彩饱和度低。从而造成整个画面由远及近，色彩由淡而浓，由亮而暗，形成了微妙的空间纵深感。

二、夜景摄影

夜景摄影包括很多方面，主要是指在夜间拍摄室外灯光或自然光下的景物，它与日光以及闪光灯照明条件下拍摄的方法和效果都有所不同。夜景摄影主要是利用被摄景物和周围环境本身原有的灯光、火光、月光等作主要光源，以自然景物和建筑物以及人活动所构成的画面进行拍摄。由于它是在特定的环境和条件下进行拍摄，往往受到某些客观条件的限制而带来一些拍摄的困难，所以夜间摄影比日间摄影困难得多，但是它也有自己独特的效果和风格（图6.47、图6.48）。

1.夜景摄影特点及环境、角度选择

夜间拍摄，每一景物都有它自己独有的和其他景物不同的地方，这些不同的地方，又和周围的某些环境、条件分不开，而起互相补托、互相呼应的作用。

（1）灯光（或月光）

灯光（或月光）往往是夜景中重要的组成部分，它同时又是夜景摄影的主要光源，没有灯或灯光稀少，物体就不能表现出来，或表现不清楚。有了足够的灯光，不仅可以使物体呈现层次，也可以使画面更加明亮和清晰。流动的灯光（汽车灯、轮船灯及其他可以移动的灯光），可以在底片上呈现一条条光线（即光柱），可使内容增加气氛，画面得到更好的效果。

（2）雨天、雾天（或空气潮湿的天气）

雨天、雾天的灯光可以使照片拍出美丽的光环，天空的色调由于空中水汽受灯光的影响，有时也会反射出其他的颜色而出现在画面上，如用彩色片拍摄，效果更加明显。因为雨天的柏油路或光滑的地面，可显出物体和灯光的倒影，拍出来的效果比较生动。

（3）水

水对于夜景有时也有一定的作用。海边、河流、池塘旁的建筑。由于水的反光倒影作用，它可以使岸上或周围的灯光增加亮度，衬出景物轮廓，波光灯影，能给画面增添不少生气。

2.夜景摄影的曝光

夜景摄影的曝光方法大致可分两种，即一次曝光与多次曝光。

一次曝光，是用三脚架把照相机架好，然后通过取景器把应当拍摄的景物，按照要求，安排在画面里。取好景之后，把照相机固定在三脚架上，不使其活动。

图6.48　夜景摄影2

拍摄时，用快门线控制快门的启闭进行一次适当时间的曝光。

多次曝光，操作过程亦如上述，只是曝光不是一次完成，而是在同一张底片上，经过二次以上曝光，才完成拍摄工作。

3.夜景摄影注意事项

（1）防止照相机移动

在进行长时间曝光时，相机一定不能有丝毫移动，要拧紧在三脚架上或放在平稳牢固的地方。拨光圈、按快门等一系列操作，都要小心。因为一张底片经过两次以上的曝光，略有微动，景物也会出现模糊和重叠现象。

（2）防止光线直射镜头

快门开启后，强烈的光线直射镜头，容易产生光晕，造成整个底片的失败，因此在取景时要仔细观察，有无强烈光亮直射镜头。

（3）光圈和焦距的使用

拍摄夜景，光圈的运用很重要。光圈大小，

图6.49 微距摄影

影响曝光时间的长短，也影响景物的清晰程度。有些夜景无法用照相机精确地测定距离，只好用较小光圈增大景深范围的办法来弥补。

三、微距摄影

微距摄影技巧要点如下。

1.用最大的努力去聚焦

拍摄微距照片，诀窍就是聚焦要精确。因为微距照片的清晰焦点范围很小，只有1英寸（1in=0.0254m）的很小一部分。因此，在拍摄奇妙的微距照片过程中，聚焦是极其折磨人的。正确的对焦方法是先在镜头上设定大约的放大率，接近主体，构图，再对焦。

2.使用能承担得起的最好的镜头

摄影说到底只不过是物体在胶片或感光元件上成像而已，静态情况下，在光路上对成像起决定因素的就是镜头的素质。一只好的镜头可以在单位面积内表现更多的细节，边缘成像质量与中心相差很小，并且没有明显的色散。微距镜头是拍摄微距的最佳选择，各个品牌的微距镜头都毫无例外地拥有非常高的成像质量。如果对像场是否平直有特殊要求的话，微距镜头更是唯一的选择（图6.49）。

3.使用稳定的三脚架

微距摄影一般都需要比较慢的速度，因此摄影师在拍摄了一段时间的微距照片以后，基本上是没有三脚架就不按快门的。

4.使用快门线和反光镜锁

按动快门的瞬间动作会使机身产生一定的位移。虽然通过训练可以一定程度地减少其影响，但是很难根除，特别是三脚架不够稳定的时候更要小心。所以快门线和反光镜锁的应用很必要。

5.使用颗粒细腻的反转片

反转片几乎是职业自然摄影师的唯一选择，

其色彩绚丽，质感细腻，拥有负片无法比拟的优势。第一次用反转片拍微距照片的朋友，总会"从凳子上掉下来"。

四、动体摄影

动体摄影拍摄技巧要点如下。

1.动体本身的运动速度

基本的原则是，动体运动速度越高，就得用越高的快门速度。只有根据动体运动的状态和速度来选择适当的快门速度，拍出的图片才会富于个性，不仅能够有效地记录，而且能有效地表现、增强图片的表现力。

2.拍摄者与动体间的距离

由于距离与位移的关系，在拍摄动体时，距离动体越近，快门速度就要越高；反之，则可放慢些快门速度。

3.所用镜头的焦距

快门速度应随镜头焦距的增加而增高。长焦距镜头必须用高速快门。

4.拍摄者和动体间角度的变化

是指动体的运动方向和相机镜头光轴所形成的角度。随角度的增大，快门速度应相应提高。动体间角度的变化一般分以下三种情况。
① 0°角时，动体迎面而来或背向而去，相对位移较慢，可用较慢的快门速度拍摄。
② 45°角时，位移速度提高，要适当提高快门速度，才能拍到动体的清晰影像。
③ 90°角时，人眼感受到的动体位移速度最快，所用的快门速度还要提高，才能抓拍到动体。
具体的影响是，三种角度间各相差1级快门速度，角度增加，快门速度提高。

―――――――――― 思考与练习 ――――――――――

1.广告摄影的分类？
2.广告摄影的设计制作过程？
3.如何进行夜景拍摄，应注意哪些问题？
4.动体摄影的拍摄方法？

参考文献

[1] 罗星源等. 现代摄影教程. 长沙：中南大学出版社，2005.

[2] 美国纽约摄影学院. 美国纽约摄影学院摄影教程. 北京：中国摄影出版社，2000.

[3] 张苏中. 广告摄影教程. 北京：中国轻工业出版社，2002.

[4] [德]科拉·巴尼克，格奥尔格·巴尼克著. 摄影构图与图像语言. 董媛媛译. 北京：北京科学技术出版社，2012.

[5] [美]Scott Kelby. 数码摄影手册. 梅菲译. 北京：人民邮电出版社，2013.

[6] [美]布莱恩·斯托夫，简妮特·斯托夫著. 光的语言. 王真，郭人和译. 北京：世界图书出版公司，2013.

[7] 罗琳编著. 摄影基础教程. 第2版. 北京：中国广播电视出版社，2009.

[8] [英]阿什福德编著. 摄影用光500技. 李程译. 北京：中国青年出版社，2009.

[9] 洪保平编著. 数码摄影入门教程. 福州：福建科技出版社，2009.